认识北京常见植物

（木本篇）

刘莹 韩烁 著

北京出版集团
北京出版社
·北京·

目录

序

充分运用个体的致知能力来感受植物

这是一本指导初学者认识身边植物的小书。

不同于专业教科书或者某一地区的综合性植物志，它并不追求体系的完整性，而是讲究实用性，以引领大家进入“植物界”（vegetable kingdom 或 plant kingdom——英文字面意思是“植物王国”）。全世界有植物 30 多万种，中国分布有大约 3 万种，北京地区也有 2000 多种，可谓种类众多，因此将植物界称为“植物王国”也恰当。

我们是普通人，认识、探究身边植物的方法与专业学者的做法可能不同，也可以不同。科学地辨认植物以及科学地研究植物，十分专业、十分必要，但是它只适合世界上很少一部分人。科学值得尊重、学习，但是它也只是一种或者一类重要的研究方式和知识体系，除此之外世上还有许多别的探究方式和知识类型，不能说前者重要后者不重要。特别是，不能因为我们暂时没有成为或者将来也无法成为科学家，而放弃感知、认知、理解植物的机会和权利。因此，我愿意鼓励大家，一开始就记住两个字——“我能”！

普通人能不能认识植物、认识足够多的植物，比如50种、100种、300种、1000种、2000种？回答是，没有问题。即使没有接受过专门培训，也能做到。不信的话你可以问问农民、家里的老人。先不说100种以上的情况，就以50种为例，任何人都有能力认识50种身边的植物，实际上这个数字被严重低估计了。走到大街上、走进校园里一眼就能看到许多植物，上了餐桌，一顿饭就能遇到许多植物，只是我们是否留意了它们。它们叫什么名字，如何区分它们，它们开花时什么样？

认识50种或更多种身边的植物，用什么办法？有许多办法，都是可行的，可以做到殊途同归。在大学有大学的讲法，在小学有小学的讲法，在社会有社会的讲法；在农村有农村的做法，在城里有城里的做法。本书也提供了适合初学者的方法，如“五步法”“叶子识别法”等。实际上，为了让大家树立自信心，我愿意这样讲：“怎么都行”，因为每个人都有自己独特的致知能力。面对未知物，只要我们用心关注它，不管用“五步法”还是用“望闻问切”（中医）、“视触食嗅”，都有可能搞定它，甚至我们根本不需要知道方法的名称。比如，我们都认识身边关系密切的一些人（朋友和亲戚）和远方一些不相干的人（政治人物、娱乐界明星和体育健将），问一下自己：用了什么办法？恐怕一时说不清楚。也就是说，我们“稀里糊涂”就认识了他们，这个必须得肯定，它是一个基本事实。当然会涉及一些方法，但在方法之前，更重要的是“关注”。因为没有“关注”，就不会“动用”方法，对人体而言，就不会“启动”我们的致知能力。“关注”算什么本事？不算大本事，但是一个人关注什么，体现一个人的品位、能力，预示着人生前景。关注身边的植物，绝对值得，丰富的植物值得我们一生关注。为了提升认知能力、改进我们的日常生活，也为了维系平衡的生态，我们都有必要关注不起眼的植物。但我不是说只能关注或者必须关注植物，不喜欢植物的也可以关注眼前的飞鸟、蜘蛛、昆虫、岩石等，大自然足够丰富，“总有一款适合你”。

有了“关注”，就会有相应的初步观察。就像你喜欢一个人一样，你会在多种环境下轻松地识别出他（她）。你是如何做到的？你不可能去量其鼻子的尺寸、脚的大小、小腿的长度等，但只望一眼背影甚至只听到一声咳嗽，你就能断定是他（她）！通常非常准确，也有出错的时候，但不多；即使有，但因为你有学习的本事，会马上修正，下次就不会犯同类错误了。于是，“关注”是一种动力、一种能力。现在，所需要的只是把关注的对象从人物扩展到植物。不是让你放弃你原来的喜爱，而是拓展一下。时间有限，精力有限，关注的东西多了自然会分散“能量”、降低认知效果，但是同时也可以触类旁通、彼此促进。对于年轻人来说，认知潜力巨大，几乎是无限的，不会因为兴趣的一点点拓展而耗尽身心资源、能力。简单点说，大脑不会被占满，反而会被激活，并发挥更强大的认知能力。

在不晓得什么方法最适合自己时，不要为方法而纠结，可以单纯地记住 20 种、50 种常见植物，然后再慢慢总结规律性。想一想自己以及他人是如何提取规律性的，从植物的根、茎、叶、花、果都能提取特征形态信息及其他信息，不断练习、巩固，我们自己的个体认知能力就会提升。科学哲学家波兰尼（Michael Polanyi）特别强调个人致知和个人知识，他写了一本大书就叫《个人知识》。初听起来，可能觉得不可思议，在公共知识、客观知识大行其道的现代社会，为何要强调个人知识？简单说，人类个体要想创造新知识，必须经历个人知识的阶段；反之，要学习已有的公共知识，也必须得把它下载、化归为个体知识才能为自己所掌握。

我不是说只能敝帚自珍，只关注自己的一点小心得，那样做是不经济的、不聪明的。关于植物，人类已经积累了大量知识，关于辨识植物，已有许多可用的靠谱方法，它们经过了反复检验。到了一定阶段，聪明的你一定不要拒绝它们。

最后，再说三点：第一，单个地认识植物有时反而难，一时摸不到头脑，可以一类一类地认识。全球30多万种植物可分作一定的类型，最基本的分法是分“科”（family）。科数并不算多，一共才400多个“科”，北京的植物一共才100多个“科”。这些“科”相当于“筐”或“抽屉”。某种意义上，接触不认识的新植物，不要急着一下子分到“种”，而是先猜一下它属于哪个“科”，即应当放到哪个“筐”中。“科”确定了，它所属的大“家庭”就清楚了，想进一步查所在的“属”和“种”也就容易了。长期关注一些植物的“科”，自然而然就能总结出它们的共有特点。第二，认识植物不宜贪多求快，不要强迫自己。可以慢慢来，重要的是坚持。我给出的建议是：一周认识1种植物（当然你也可以一天认10种、30种），这个不难吧？但想一想，一年有50多周，坚持一年也就能认识50多种植物了，积累三年就会小有收获。况且过程中不会是单纯数量的积累，到了一定时候知识自然会融会贯通起来，能力会加倍提升，那时就进入正反馈循环，可以快速认识更多植物了。其间，一定也会有挫折，有搞不定的情况，本书中有一句话非常重要：“一直看到它开花！”如果植物就在附近，一时认不出也没关系，只要一直关注着，时常观察，等到它开花，就好办了。花是比较稳定的分类器官，看到花的形状，你就容易判断它具体是什么了。第三，不要轻易打听植物的名字。这个劝告似乎与通常别人给出的相反。可以适度询问，但不能一直问。通过自己的努力，认出一种植物，是一种成就。关于植物的名字，“不懂就问”其实并不值得鼓励，因为那样得来的知识是廉价的，自己印象不深，很快就忘了。

愿大家与植物为友，学习、生活快乐！

刘华杰

北京大学哲学系教授

博物学文化倡导者

2020 年 9 月 11 日

法

认识植物五步法

植物是我们每天都能看到、都能接触到的生物，与我们的生活息息相关。很多人都想认识植物，特别是身边常见的种类，但是怎么认识它们、怎么记住它们呢？我总结了识别植物五步法：看、摸、闻、尝、剖。但是，需要注意的是，有些植物的花、叶有毒性，这些步骤需要谨慎采用。

第一步，看。

除了用眼睛直接看，还可以借助放大镜甚至显微镜、实体镜和微距镜头仔细地观察。比如在处理茄子的时候，得把柄先掰掉，掰的时候可能扎到手。如果把茄子柄放在放大镜或显微镜下，就会看到它上面有小皮刺和星状的茸毛，原来扎手的就是它们！不看不知道，一看吓一跳，仔细观察，会有意想不到的收获。

第二步，摸。

有时候光看不行，还得上手摸。不过这个步骤有个前提，就是必须先仔细观察，确认没有危险，特别是没有刺之后再摸。比如，大果榆是一种榆树，它跟家门口常见的普通榆树有什么不同呢？摸一摸叶片就知道了——大果榆的叶子表面特别粗糙。有时上课我开玩笑说，如果见到大果榆叶子就收集起来，洗干净搁在冰箱冷藏室里，每天晚上拿出来一片在脸上摩擦，可以去死皮。

有些植物的叶子可能会有毒性，比如荨（读音同钱）麻这种植物。医学里有种病叫荨（读音同寻）麻疹，在我们植物学课上有个绕口令：被荨麻扎了会得荨麻疹。荨麻的茎和叶脉上都有透明、中空的小刺，小刺里含有毒液，被扎了以后，毒液进入皮下，就会引发荨麻疹，又疼又痒，过两三天才能好。

第三步，闻。

注意，这个闻不是闻花香，闻的是植物的体味。不是简单地把鼻子凑过去闻，而是需要稍微暴力一点——把植物的叶子使劲揉搓，然后闻它的汁液的味道。

很多植物有自己独特的气味。大多数唇形科的植物有特殊的香味。比如常见的藿香，就是做藿香正气水的那种植物。只要吃过这种药的人，想必会对它的味道印象深刻。此外，还有薰衣草、薄荷等，都是唇形科的植物，它们的叶片都有独特的芳香味。

伞形科植物比如胡萝卜、芹菜、香菜等，也有特殊的气味。有些人对这几种蔬菜都不爱吃，可能不是挑食，而是对这类植物的味道敏感。

还有菊科蒿属，比如说蒿子秆、茼蒿、艾蒿……它们都有着一种特殊的蒿子味。在野外，遇到看、摸都不能确认的植物，可以尝试闻一下，如果有蒿子味就是菊科蒿属的植物，具体名称回去再查。有些植物命名就受其气味影响，比如臭椿、鸡屎藤等。

第四步，尝。

辨别植物，尝的风险是最高的。这里有一个原则，就是不认识的植物，一定不要入口，因为有些植物是有剧毒的！举个例子，北京山区的毛茛科乌头属植物，就有剧毒，不管是北乌头、华北乌头，还是牛扁乌头，都有剧毒。乌头全株带毒，毒性最大的是根，就算不刨根吃，光把叶子含在嘴里也能口吐白沫。

民以食为天，见到一个看似能吃的东西，人们很容易提出“能吃吗？好吃吗？怎么吃？”的问题。除了人工栽种的蔬菜水果，也的确有很多植物能吃。比如说酢浆草，它的汁液有酸味，我国古人发明醋之前，就是用酢浆草来调味。但这酸是草酸，食用后会影响身体健康。辣根这种植物有辛辣味，有些日本料理里的绿芥末就是辣根粉做的。此外还有大黄叶柄，书上介绍大黄叶柄有奶油味，我就专门到百花山找到一棵华北大黄，摘了一片叶子，把叶柄皮剥开一尝，真有奶油味。

第五步，剖。

就是解剖植物。通过解剖，可以了解植物内部的某些特征，从而区分植物。菊科分有乳汁的筒状花亚科和无乳汁的舌状花亚科两个亚科。看到蒲公英，把它剥开发现有乳汁，它就属于筒状花亚科的。再比如核桃，冬天树叶落光了，怎么能知道是不是核桃树呢？这就要把枝条剖开，如果里面是片状髓，那它就是核桃。这就是剖才能发现的特征。

我们提倡科学地观察植物，观察时机也很重要。什么时候适合观察呢？很多人都觉得春天是最佳季节，再有就是秋天看落叶。如果这样做，一年顶多就看两季。我认为，一年四季都要观察，而且是持续地观察，看不同季节中植物的变化。

举个例子，大家看这几张图可能以为它们是不同植物，实际上它们是一种植物——二月兰，在北京特别常见。

第一张图是它冬天越冬的形态；第二张图是它春天和初夏开花的形态；最后这张图是它夏末的形态。看到花大家可能都认识，但是冬天和夏末的形态就不一定了。

我从初中就喜欢植物，但二月兰冬季的形态我是在上大二的时候才认识的。当时看到这圆叶子的植物，没花、没果，只有圆叶子也不好查。我就经常看它，一直看到它开花，才知道是二月兰。所以对于植物来说，一年四季皆有所观、皆有所赏。

希望大家运用这“五步法”仔细观察我们身边的植物，总会有新的发现和收获。

识别木本植物的基础知识

我们这本书，主要是通过叶片来识别北京城区内最常见的一些木本植物。在看具体内容之前，我们先要学习一些描述木本植物外形的基本概念，掌握了这些概念，才能更好地使用本书。

我们描绘一个陌生人，一般先从大的方面描述，比如是男是女、是老是少，再描述高矮胖瘦，最后到皮肤黑白、眼睛大小等细节。认识木本植物也一样，先从大方面的外貌轮廓，再到枝条、叶片的细节，逐级描述。

第一步，我们要先确定，一株木本植物是乔木、灌木还是木质藤本。

乔木一般比较高大，从地面长出一根主干，主干上方是树冠。城市的行道树一般都会用乔木，我们最熟悉的杨树、柳树等，都属于乔木。乔木一般比较高大，6~10 米高的算小乔木，高于 30 米的，叫伟乔木。不过现代园艺绿化，经常修剪，故意不让乔木长得太高大。

灌木相对比较低矮，它们没有明显的主干，从地面丛生出很多枝条。一般灌木都不会太高，不超过 6 米。城市中常用灌木当路边的绿化带，比如连翘、迎春，都是最常见的灌木。

木质藤本也很好认，它们的茎细长，一般都攀缘在其他树、栅栏或者墙壁上生长，不能独自直立。北京城中常见的木质藤本包括紫藤、地锦等。

第二步，要看叶子是以什么方式长在茎上的。是一左一右地长，还是轮着圈儿长。常见的叶序有对生、互生、轮生、簇生等几种，很容易区分它们。

第三步，要看叶的类型，是单叶还是复叶。对于不熟悉植物的人来说，单叶和复叶可能还有点混淆，其实它们并不难分。在同一个叶柄上，如果只有一片叶子，就叫单叶；如果有多片叶子，就叫复叶。复叶的叶柄叫叶轴（也叫总叶柄），其上的叶片叫小叶。区分单、复叶，其实不是看每片叶子的大小，而是看叶片长在叶轴还是枝条上。常见木本植物中，槐树、香椿和臭椿都是羽状复叶，而杨树、柳树都是单叶。

第四步，要看叶片本身的形状。植物的叶子形状很多，大小差异悬殊，怎么分类呢？研究者选取了一个简单的办法，就是量叶子的长短和宽窄，看它们的比例。常见的叶形有鳞形、条形、刺形、针形、锥形、披针形、匙形、卵形、长圆形、菱形、心形、肾形、椭圆形、三角形、圆形、扇形、剑形等。值得注意的是，有些植物，不同年龄或者不同位置的叶子形状不一样。比如构树，书上说它的叶是卵形，但是幼苗时期的叶片往往有深裂，而长成大树以后，叶片则要圆得多。还有圆柏，它是二叶型，即刺叶和鳞叶，刺叶一般生于幼树上，而老龄树则全为鳞叶，壮龄树上既有刺叶也有鳞叶。

第五步，看叶子的细节：边缘是光滑的还是有锯齿？有没有裂？比如常见的园艺观赏植物榆叶梅，它的叶子边缘不但有锯齿，锯齿上还有小锯齿，这是它的识别特征之一。

辨认植物，最准确的方法是看它的繁殖器官——花和果，但是花、果往往有时间限制，在北方地区，很多植物的花期、果期都不长，这无疑给识别带来困难。在这本书中，我们特地选择了用叶片特征来识别木本植物，这样虽然不够“严谨”，能识别的种类也有限，但是对于北京城内最常见的几十种木本植物，基本够用了。

此书提供的识别方式，是经过多年带领学生实践、不断修改完善而成的。我们希望，大家可以用一种简单、容易的方式入门，认识身边的植物，跟大自然成为朋友。

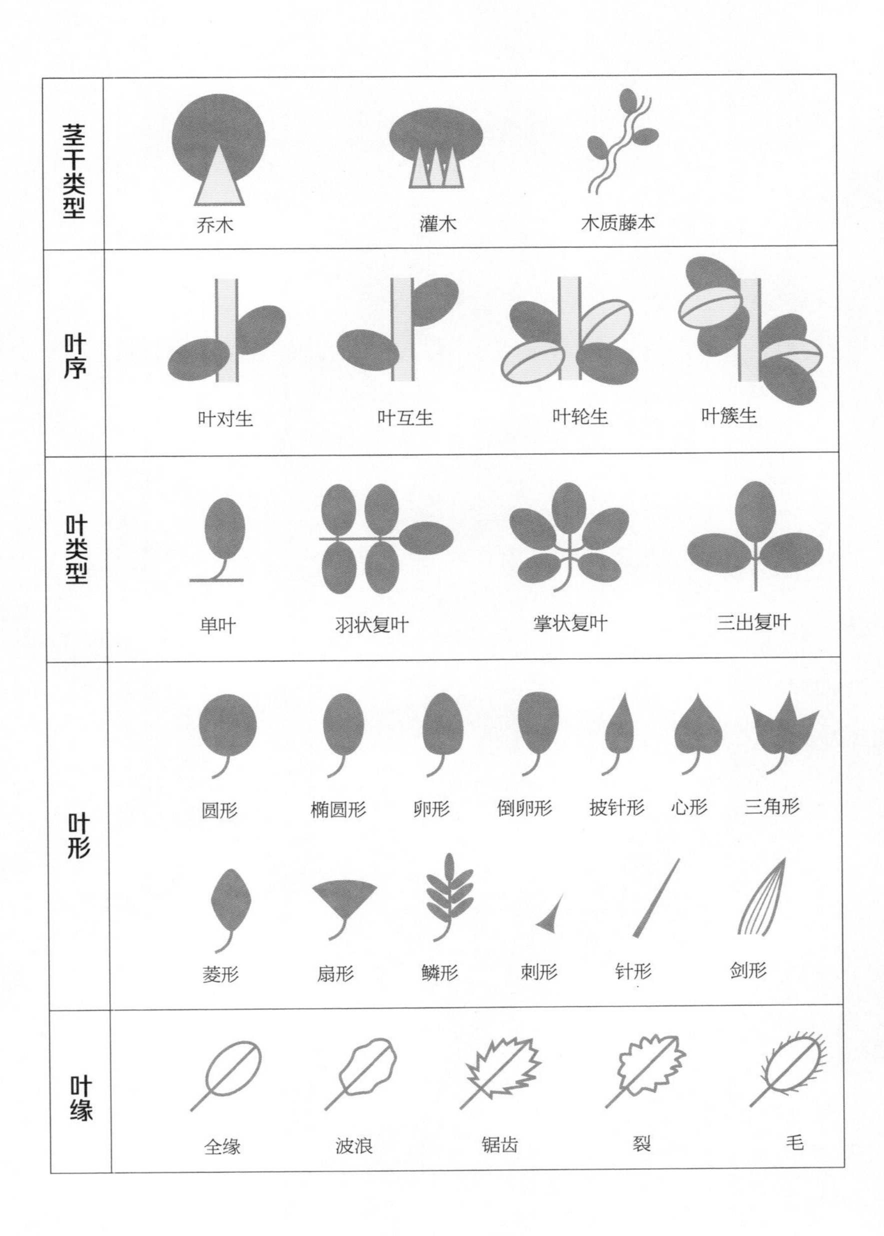
茎干类型
乔木
灌木
木质藤本
叶序
叶对生
叶互生
叶轮生
叶簇生
叶类型
单叶
羽状复叶
掌状复叶
三出复叶
叶形
圆形
椭圆形
卵形
倒卵形
披针形
心形
三角形
菱形
扇形
鳞形
刺形
针形
剑形
叶缘
全缘
波浪
锯齿
裂
毛

阐

八十种北京常见

木本植物介绍

紫薇 01

学名：*Lagerstroemia indica*
别名：痒痒花、痒痒树

灌木。叶互生或有时对生，纸质，椭圆形、阔矩圆形或倒卵形，长2.5~7厘米，宽1.5~4厘米，顶端短尖或钝形，有时微凹，基部宽楔形或近圆形，无毛或下面沿中脉有微柔毛，侧脉3~7对，小脉不明显；无柄或叶柄很短。花淡红色或紫色、白色，直径3~4厘米，顶生圆锥花序。花期6—9月，果期9—12月。

紫薇是北京常见的园林植物，通常三五米高，枝条纤细、分散，树形看起来比较柔美。顾名思义，紫薇开花为粉紫色，花朵虽然不大，但是大簇的花朵聚集在一起，看起来喜庆热闹，讨人喜欢。

紫薇是我国原产植物，早在1600多年前的东晋时期，紫薇就作为园艺植物被人们广泛栽培在庭院中。紫薇被培育出不同品种，颜色有的更红、有的更淡，还有一些耐寒、耐湿的品种，在我国南北方都可以种植。在云南昆明，还有2株著名的明代老紫薇树。此外，它还是山东泰安、江苏徐州以及台湾基隆等城市的市花。

在现代人听来，“紫薇”会令人联想到美丽的少女；在古代，人们也喜欢这个名字。在唐代，国家政务的枢纽机构“中书省”曾一度改叫“紫微省”，并在办公地点引种了大量的紫薇花。后来“紫微省”改回了“中书省”，但人们还会在非正式场合使用“紫微”的叫法，比如担任过“中书舍人”的诗人白居易，就写过“独坐黄昏谁是伴？紫薇花对紫微郎”的诗句。因为“微”与“薇”字形相似、读音相同，所以人们有时也会用花名代官名。唐代著名诗人杜牧，因为曾在中书省任职，又写过咏紫薇花的诗句，所以人们把他称为“杜紫薇”“紫薇太守”。

在北京，不论是公园古建还是社区民居，都能见到这种植物。

紫丁香 02

学名：*Syringa oblata*

灌木。叶片革质或厚纸质，卵圆形至肾形，宽常大于长，长2~14厘米，宽2~15厘米，先端短凸尖至长渐尖或锐尖，基部心形、截形至近圆形，或宽楔形，上面深绿色，下面淡绿色；萌枝上叶片常呈长卵形，先端渐尖，基部截形至宽楔形；叶柄长1~3厘米。花冠紫色，圆锥花序。花期4—5月，果期6—10月。

紫丁香的名字道出了这种植物花朵的特征：颜色粉紫色、花朵细小如丁、香味浓郁。紫丁香在春季开花，花期能维持一两个月，甚至更长。花期时，浓郁的花香让人未见其树，先闻其香。

紫丁香是灌木，一般不太高，只有三四米。主干通常不太明显，多是很多条枝干簇状生长，树形美丽柔和。紫丁香的叶子多为卵圆形，比较容易辨认。

紫丁香是我国原产植物，在唐代就有栽培装饰庭院的记载。紫丁香比较耐寒，在北方地区，乃至长江以北地区，都有广泛栽种，而在西南地区也有栽培。它还是哈尔滨、呼和浩特和西宁的市花。

古人觉得紫丁香的花朵形状如结，便用它代表思念之情，并称为“丁香结”。唐代文学家陆龟蒙曾写过“殷勤解却丁香结，纵放繁枝散诞春”的诗句。

紫丁香是非常多见的园艺树木，在北京很多城市公园、学校、社区中都有种植。在北京郊区的古刹戒台寺还有一片“御赐丁香”，那是乾隆皇帝到戒台寺进香时，御赐种植的。

除了常见的紫丁香，北京还能看到花冠白色的变种白丁香。此外，还有一种能长成乔木、开白花的丁香，叫作暴马丁香，它的栽培历史也已经超过300年了，有些暴马丁香的花香不如紫丁香浓郁，植株花朵数量也略少一些。北京的法源寺、房山下石堡，都有暴马丁香古树。

现代研究表明，紫丁香吸收SO_2的能力较强，对SO_2污染具有一定净化作用；花可提制芳香精油。但是，紫丁香与烹饪调料里的香料丁香，则是完全不同的植物。

侧柏 03

学名：*Platycladus orientalis*

别名：扁柏、柏树

高大乔木，高可达20余米，胸径可达1米；树皮薄，浅灰褐色，纵裂成条片；枝条向上伸展或斜展，幼树树冠卵状尖塔形，老树树冠则为广圆形；生鳞叶的小枝细，向上直展或斜展，扁平，排成一平面。叶鳞形，长1~3毫米，先端微钝，小枝中央的叶的露出部分呈倒卵状菱形或斜方形，背面中间有条状腺槽，两侧的叶船形，先端微内曲，背部有钝脊，尖头的下方有腺点。花期3—4月，球果10月成熟。

侧柏多为高大、笔挺的乔木。叶子又扁又小，鳞状紧密地排布。侧柏是我国原产树种，人们认识、种植它的历史特别悠久，从商代就开始有人种植，《诗经·商颂》里就有记载。在传统文化中，侧柏是非常受文人、士大夫推崇的树木。侧柏主干笔挺，而且不惧风雪、四季常青，被认为具有正人君子的品格，是树木中的表率。

柏树的用途很广，其叶、枝、根、皮等部位可以入药，有安五脏等功效。柏树的木材呈淡黄色、质地紧密、富含树脂，结实又抗腐蚀，可以制作家具、建材，也因此曾被赋予了特殊的含义——在西汉，王侯丧葬，需要用柏树芯材搭建椁室，即所谓的“黄肠题凑”。

与一般园林植物不同，柏树除了装饰庭院，还被赋予了神话色彩。在商代，柏树作为土地的神主，接受拜祭。还有一些柏树被帝王册封，比如河南登封的嵩阳书院内，至今还保存有两棵被汉武帝封过的“将军柏”。

北京不少寺庙、园林中种植有古柏。比较著名的是密云新城子镇有一株“九搂十八杈”古柏，胸径近 2.5 米，据说树龄已有 3500 多年。在颐和园、天坛等古建筑群中，均有不少柏树。

毛泡桐 04

学 名：*Paulownia tomentosa*

别名：紫花泡桐

乔木。小枝有明显皮孔，幼时被黏质短腺毛。叶卵状心形，长20~40厘米，先端急尖，基部心形，全缘或波状浅裂，上面毛稀疏，下面密被毛或较疏，老叶下面被灰褐色树枝状具柄的毛，新枝上叶较大，毛常不分枝，有时具黏质腺毛；叶柄长3~15厘米，被黏质腺毛。圆锥花序金字塔形或狭圆锥形，长20~40厘米；小聚伞花序的总花梗长1~2厘米，几与花梗等长，具花3~5朵。花期4—5月，果期8—9月。

毛泡桐是北京常见的庭院植物，学校大院、居民小区里常有种植。毛泡桐树形高大挺拔，能长到 20 米高，主干笔直、又粗又圆，大大的伞形树冠可以遮蔽出一大片阴凉。

毛泡桐的叶子非常宽大，形状接近心形或卵圆形，叶片直径可达三四十厘米。叶子正面、背面都有一层细细的茸毛，这也是其得名“毛泡桐”的原因。另外，因为这种树开紫色花朵，所以也叫紫花泡桐。毛泡桐的花期是在四五月份，这时候天气已经转暖，毛泡桐的花朵为大大的唇形花，花朵一簇簇地点缀在枝头，满树繁花时特别漂亮。而且毛泡桐的花有淡香味，特别是在傍晚，轻柔春风送来淡淡的花香，特别有春天的气氛。

园艺设计师经常会在小区的儿童游乐场旁种植毛泡桐。这种树夏季遮阴，冬季树叶落光后又不遮挡阳光，可以让游乐场“夏凉冬暖”，适合孩子们逗留玩耍。这种树耐旱，可以在贫瘠的土壤中生长，经过园艺培育改良后，毛泡桐成为优秀的园艺树种。

毛泡桐的叶片和皮都可以入药，树皮还可以提炼出抗菌杀虫的物质。

梓树 05

学名：*Catalpa ovata*

别名：楸、花楸、臭梧桐

落叶乔木。株高达6~10米，嫩枝无毛或具长柔毛。单叶，对生，有时为3叶轮生，叶为宽卵形或近圆形，先端常具3~5浅裂，叶基微心形，侧脉5~6对，基部为掌状，具5~7条脉，全缘；叶柄长3~18厘米。花多数，成顶生的圆锥花序，花序柄稍被毛，长10~25厘米。花期6—7月，果期7—9月。

梓树比较好辨认。首先从树形来说，它是一种高大的树木，树干笔直，树冠为宽大的伞形，可以遮阳。有些梓树甚至能长到 15 米。北京的梓树通常没那么高，但 7~8 米也很常见。

梓树的叶子非常大，是宽卵圆形，直径可以达到 25 厘米，比成年人伸出手、叉开五指的面积还要大。树叶的叶柄也很长，可达 10 厘米以上。北京有如此宽大叶子的树木不多，所以不太容易认错。

梓树开花多为白色，略带浅黄，形状和常见的泡桐花相似，只是略小，花成簇开放。梓树开花在暮春、初夏，满树的花朵，非常漂亮。梓树开花时叶子已经长出了，跟它外表相似的毛泡桐则是先开花、后长叶，从这点上可以区别两者。

梓树生长比较快，属于速生树种，树皮可以入药。梓树木质比较软，可用来制作乐器，但是不算是做家具的好材料。很多人家种梓树主要为了遮阴、用木头做薪柴。

梓树在北京比较常见，社区、公园、寺庙等处都有种植。

流苏树 06

学名：*Chionanthus retusus*

落叶乔木或灌木。株高可达20米。枝开展，小枝初时有柔毛；芽鳞暗紫色，被柔毛。叶椭圆形或卵形至长椭圆形，长4~10厘米，先端尖或钝，有时微凹，基部阔楔形至圆形，全缘，叶背面常具柔毛，后变光滑；叶柄长1~2.5厘米，具柔毛。阔圆锥花序，长6~10厘米，生于有叶侧枝的先端；萼裂片披针形；花冠白色，4深裂，裂片线状倒披针形。花期6—7月，果期9—10月。

流苏树是常见的观赏树种，在北京城区、郊区的很多公园都有种植。流苏树是灌木或乔木，能长到 20 米，不过公园的树木经过修剪，常见三四米高的植株。流苏树枝叶繁茂，树形比较美观。

流苏树的最佳观赏季节在夏初，此时是流苏花盛开之际。它的花朵为白色，通常有 4 个细长的花瓣，大约只有 2 厘米。如果只看单个花朵，流苏树不算特别出众，而是胜在花朵数量特别多、特别繁茂，有时几乎满树都是白色的花，绿叶只在花朵之间隐约点缀。可能是因为流苏树开花时，小小的花瓣如细碎的流苏，所以才有此名。

如果不在花期，流苏树还可以靠叶子辨别。流苏树的叶属于革质或半革质，叶子形状窄长，为长卵圆形，长度为 4~10 厘米，宽度为 2~6 厘米。

流苏树在我国的种植历史不长，目前可以考证最早的栽培记录是在清代。城市公园里，大多数是三五米高的造景小树，在密云等地，还有一些百年老树。

白杜卫矛 07

学名：*Euonymus maackii*

别名：白杜、丝棉木

落叶灌木或小乔木。株高可达8米。树皮灰褐色。小枝灰绿色，圆柱形。叶对生，卵圆形、椭圆状圆形、椭圆状披针形，长4~7厘米，宽3~5厘米，先端渐尖，基部宽楔形或圆形，缘具细齿、两面无毛；叶柄长2~3.5厘米。聚伞花序，腋生，1~2次分枝，具3~15朵花。花淡绿色，4数，直径8~10毫米，花药紫色，花盘肥大。蒴果，倒圆锥形，直径约1厘米，上部4裂，淡黄色或粉红色。种子淡黄色或粉红色，假种皮橙红色。花期5月，果期8—10月。

白杜卫矛，经常简称白杜，属小型乔木，不算高大威猛，但是树形比较秀美，枝叶繁茂。春夏季节，白杜卫矛不是一种让人印象深刻的树，经常默默无闻地生长在公园、庭院里。

白杜有个有趣的别名叫“明开夜合”。这与它开花的特征有关。初夏时节，白杜花白天开放，而夜间闭合。白杜的花特别细小，直径不到 1 厘米，一小簇一小簇地隐藏在绿叶之间，不仔细观察，很难发现。

白杜卫矛的果期在夏末。因为果子的颜色和形状特殊，这种树会变得引人注目。白杜卫矛的果子不大，直径只有 1 厘米左右，但形状很有趣，就像四粒小果子排成“十”字连在一起。果子开始长出来时颜色发绿，逐渐变成红色或者橙红色，可以在树上挂三四个月。满树鲜艳的小红果子，见之喜人。

白杜卫矛的叶子形状为卵圆形或椭圆形，一对一对生长，叶片小于成年人的手掌，边缘并不光滑，有细小的锯齿。秋天，白杜卫矛的叶子会变成红色，也是可以观赏“红叶”的树种之一。

此外，白杜卫矛耐旱、耐寒，可以在贫瘠的土壤上茁壮成长，还可以做砧木，嫁接龙爪槐等树种。在北方常见的园艺树种里，白杜卫矛虽然不算是最美、最有特色的，但是因为它不娇气、易生长，非常受欢迎，在社区、公园里都比较多见。

鸡爪槭 08

学名：*Acer palmatum*

落叶小乔木。株高6~8米。树皮深灰色。小枝细瘦，紫色或淡紫色。叶近圆形，直径7~10厘米，基部心形或近心形，7~9掌状深裂，裂片长圆状卵形或披针形，先端锐尖或长锐尖，边缘有重锯齿，下面脉腋有白色丛毛；叶柄长4~6厘米。花紫色，杂性，雄花与两性花同株，成伞房花序。萼片、花瓣均5。雄蕊藏于花冠内，花盘位于雄蕊外侧，稍裂。子房无毛，花柱2裂。翅果，熟前紫红色，熟后淡棕黄色。小坚果球形，直径约7毫米，果翅与小坚果共长2~2.5厘米，开张成钝角。花期4—5月，果期9—10月。

很多人把鸡爪槭当成“枫树”，因为这种树的叶子形状分叉有点像枫叶，而且到了秋天会变成红色。其实，鸡爪槭的叶子在叶形与大小上都与枫树的叶子有很大差别。

鸡爪槭可以长到七八米，但在园林中，一般都不会太高，常见的多三四米高、胳膊粗细。鸡爪槭的树叶为掌状，叶片大小适中，直径大约 10 厘米，中间的“手心”分出 7 个或者 9 个“手指”，叶形非常漂亮。

在秋季，鸡爪槭的叶子会变色，从黄到深红，颜色多变。在深秋时，鸡爪槭的叶子会变成浓烈的红色，特别美观，观赏性很强。所以很多地方把鸡爪槭种植在小区、公园里，都会有较好的装饰效果。

鸡爪槭还有一个有趣的特点，它的果实是一个近 3 厘米长、1 厘米宽的小薄片。这种果实叫“翅果”，薄片的形状让它就像长了翅膀一样，可以随风飞扬。如果把它的果实扔上天空，可以看到它在空中旋转着落地。

元宝槭 09

学名：*Acer truncatum*

别名：平基槭、五角枫

落叶乔木。株高8~10米。树皮灰褐色或深褐色，深纵裂，小枝无毛。一年生小枝绿色。叶对生，掌状5深裂，长4~8厘米，宽6~10厘米，先端渐尖，基部截形或近心形，裂片三角状卵形或披针形，在萌蘖枝或幼树上叶的中裂片有时3浅裂，全缘，两面无毛，基出脉5，网脉明显；叶柄长3~5厘米。花黄绿色，杂性，雄花与两性花同株，排成伞房花序。花期4—5月，果期9—10月。

元宝槭是北京著名的秋叶观赏植物，秋天看的“红叶”，很多就是元宝槭。元宝槭树形优美，叶子为掌状，与鸡爪槭的叶子形状相似，但是叶子分叉没有鸡爪槭那么深。

元宝槭的叶子不只在秋天变色，它新长出的嫩叶也是红色的。暮春时节，一株元宝槭树上，叶子有新绿，有粉红，颜色浓淡相宜，观赏性很强。到了秋天，元宝槭的树叶颜色更加多变，有的偏黄，有的艳红，色彩非常浓烈。而且元宝槭树叶保持红色的时间比较长，观赏期可以持续三个月，叶子才会落光。

元宝槭的名字来源于其果实的形状。元宝槭的果实也是“翅果”，形状如元宝，只不过是扁平的。果实成熟以后，落地时会随风旋转。

北京郊区的密云、怀柔、门头沟等地山区，有野生的元宝槭。这种树耐寒、抗风，生存能力强，在庭院、公园都有园艺栽种。

石榴 10

学名：*Punica granatum*

小乔木。株高可达6米。小枝平滑，一般有刺针。叶对生或簇生，倒卵形至长圆状披针形，长2.5~5厘米，全缘，光滑无毛，有短柄。花红色，稀为白色或黄色，径约3厘米。萼片5~8，镊合状排列。花瓣5~7，有时呈重瓣。浆果，近球形，褐黄色至红色，径7~10厘米，萼宿存。种子多数，具肉质外种皮和坚硬内种皮。花期6—7月。

石榴是北京特别常见的栽培树种，尤其在四合院内，几乎每家都会种植。石榴通常为小乔木，一般庭院种植的都不会特别高，三四米的比较多见。北京地区庭院种植的石榴类型分为赏花的和结果的两种。

石榴虽然常见，但其实并不是中国的原生物种。根据记载，石榴是汉代张骞从中亚地区引入的。石榴能结出甜甜的果实，而且果实里有众多带种子的小粒儿，因此石榴在我国民间一直被认为是“多子多福”的象征，也就更加受人们喜爱。

除了结果的品种，石榴也有主要用于观赏的品种。观赏石榴开花颜色艳丽，花期也长。观赏石榴也能结果，只是果实比较小，且味酸不适合食用，但是满树果实累累，也是非常美好的庭院风景。

石榴树比较好认，就算没有花和果的时候，也很容易以叶子识别。它的枝条比较细而密集，长卵圆形的小叶片，约 5 厘米长，叶片略厚，表面光滑，叶柄比较短。

白皮松　11

学名：*Pinus bungeana*

别名：虎皮松、白骨松、蛇皮松

常绿乔木。株高可达30米。幼树皮灰绿色，老时灰褐色，成鳞状块片脱落后显出乳白色花斑。叶3针一束，长5~10厘米，叶鞘早脱。叶横切面三角形或宽纺锤形；树脂道4~7，常为边生，中央有1个维管束。球果卵球形或圆锥状卵球形，长5~7厘米，径4~6厘米，柄极短。花期5月，球果于次年10月成熟。

白皮松是我国特有的树种，它四季常青，而且树形挺拔、枝叶稠密，是特别美观的园艺树种。白皮松虽然名为“白皮”，但是它的树皮多为青绿色。年幼的小树，树皮为光滑的灰绿色，非常特别；老树的树皮会不规则地大片剥落，剥落的地方会慢慢变成灰白色。因为远观树干如布满灰白色的鳞片，独具美感，所以它也被称为“花边树皮松”，是公认的优秀园艺观赏树木。

白皮松的树叶如针，3针一束，松针不长，但是通常特别稠密，所以白皮松给人以非常茂盛、富有生机的整体观感。它从唐代开始，就被作为观赏植物，用来点缀庭院。因为松树常青，白皮松树干又如白龙，因而多受寺院、宫廷喜爱，种植特别多。

北京最老的一株白皮松，可能要数戒台寺里的“九龙松”了。此外，在北海公园团城，还有一株被乾隆皇帝封为“白袍将军”的古白皮松。白皮松在北京的城市绿地、公园里广为栽种，很容易见到。

华山松　12

学名：*Pinus armandii*

常绿乔木。一年生小枝绿色或灰绿色，无毛。树皮及枝皮灰色或灰褐色。冬芽褐色，有少量树脂。叶5针一束，长8~15厘米，横切面三角形；树脂道3，中生或背面2个边生、腹面1个中生，中央有1个维管束。球果圆锥状卵球形，长10~22厘米，直径5~9厘米，熟时开裂，种子脱落。花期4—5月，球果次年9—10月成熟。

华山松是我国特别常见的植物，华山、黄山、天柱山等名山都有分布。华山松以扎根在山巅岩石的缝隙中、枝干遒劲有力而著称。华山松分布范围很广，北美、欧洲和亚洲都有分布，在我国，野生的华山松广布于东部、中部以及西北地区。华山松为乔木，有些能长得很高，但是如果营养条件不好，也有可能粗壮而矮小，所以人们也把它作为园艺植物。叶子为细长的针形，5 针一束，这是它重要的识别特征。

中国传统文化中比较推崇四季常青的松柏类植物，认为它们能耐住严寒、保持绿色，是品格高洁的象征。而松树也被认为是木中魁首，“松”字右半边的“公”字，就是表示对这种树的敬意。

因为松树终年常绿，可以做观赏植物，特别是在北方地区，能为冬季增添一些绿意。华山松早在唐代就开始被人们栽种，不过因为松叶如针，故很少种植在庭院里。现代多种植在开阔的公园或者山坡等处。北京郊区的一些公园里、古建园林中，可以见到华山松。

华山松球果中的松子可以食用，也可以榨油，但是作为园艺的品种，很多种子很小或者发育不成熟，一般结不出松子。

油松 13

学名：*Pinus tabulaeformis*

别名：东北黑松、红皮松

常绿乔木。株高可达25米。一年生枝淡褐色或淡灰黄色，无毛。冬芽红褐色，有树脂。叶2针一束，粗硬，长10~15厘米。树脂道5~8或更多，边生，多在背面，有时在角部有1 ~ 2个中生。球果卵球形，长4~9厘米，熟后开裂，可在树上宿存数年不落。种鳞的鳞盾肥厚，呈扁菱形或菱状多角形，横脊明显，鳞脐凸起，有短尖头。种子卵形或长卵形，连翅长1.5~1.8厘米，子叶8~12枚。花期4—5月，球果次年9—10月成熟。

油松是中国特有的植物，原产地在东北、内蒙古、河北等北方地区。从树形来看，油松是高大的乔木，枝条比较平展，有些会微微向下倾斜，而且老树的树冠相对比较平。它的叶子也是针形，2 针一束，这是它的重要识别特征。

油松跟柏树类似，也曾被神化。《论语》中记载，夏代以松为土地神的神主，接受帝王的祭拜。在周代的礼制中，天子的棺椁需要用油松的木材来制，而且天子陵墓周围才能种植油松，普通的诸侯、大臣以及百姓是没有资格的。

有人统计过，中国历朝历代被帝王封官的植物中，油松数量最多。在泰山中天门附近，有一株油松曾为秦始皇挡雨，被封为“五大夫松”，后来被人误传为“封了 5 棵松树为大夫”。在漫长的岁月中，这些松树有病死、被毁的，曾被多次补种，目前还有 2 株。

北京也有被皇帝垂青的油松。在海淀区香山寺内，有乾隆赐名的“听法松”。在北海团城里，乾隆皇帝封两株油松分别为“遮荫侯”和“探海侯”。

现在北京市内也种植了不少油松作为公园、庭院的装饰。欣赏油松，不妨去古寺、古迹中寻找那些树龄几百年的古树，它们无声地见证了沧桑的岁月。

银杏 14

学名：*Ginkgo biloba*

别名：公孙树、白果树

落叶乔木。株高可达40米。树冠圆锥形或宽塔形。长枝光滑有光泽；短枝幼时黄褐色，2~3年后为暗褐色，粗短，有密集的叶痕。冬芽卵球形，黄褐色。叶扇形，先端二裂，有时裂片再裂；基部楔形，叶脉二叉分，叶柄长3~10厘米。雌雄异株，球花生于短枝叶腋。种子核果状，卵球形、柱状椭圆形或倒卵球形，长2~3.5厘米，径约2厘米。球花期4—5月，10月种子成熟。

银杏是原产我国的树种，它们有独特的扇形叶片，辨识度非常高。银杏是高大的乔木，生长比较缓慢，所以也叫“公孙树”，据说人年轻时栽种一棵银杏，等到他有了孙儿，这棵树才能长到可以成材、遮阴。

银杏被称为植物中的活化石。根据化石证据，早在3亿多年前的石炭纪（一说是2亿年前的二叠纪），银杏就出现在了地球上。而且它们曾经一度分布广泛，几乎遍布整个北半球。但是后来在恐龙鼎盛的侏罗纪、白垩纪，银杏的分布范围不断萎缩。后来到了冰河时期，大部分地区的银杏树都灭绝了，只在中国地区保留了一些。

现在大多数银杏都是人工栽培的，只在浙江天目山区，还存留一些野生个体。国外的银杏，也都是从我国输出的。

银杏雌雄异株，也就是说，它们跟人一样，分男女。到了秋天，雌银杏树会结种子。银杏的种子有点像杏，剥开黄色的外皮，坚硬的中种皮是白色的，这也是银杏得名的原因。银杏的种子有种难闻的臭味，专家推测，可能是为了吸引某些恐龙同时期的动物食用后传播种子。后来，银杏分布区大幅度缩减，除了气候变化的原因，或许跟这些动物的灭绝也有关系。

现在，银杏是城市、公园中常见的园艺植物。夏天满树绿色的“小扇子”惹人喜爱，秋天又变成金灿灿的黄色，特别漂亮。北京师范大学、地坛公园、中山公园、圆明园等地都有不少银杏，每年秋天，路面便铺满金色，引来不少人专门到此拍照留念。

雪松 15

学名：*Cedrus deodara*

常绿乔木。树冠塔形。枝平展，微下垂。一年生小枝淡灰黄色，密生短茸毛，有白粉。叶针形，坚硬，长2.5~5厘米，直径1~1.5毫米，上粗下细，先端锐尖，横切面通常为三角形。雌雄同株，球花生于短枝顶端，直立。雄球花长卵形或椭圆状圆柱形，长2~3厘米，直径约1厘米，淡黄色。雌球花卵球形，长约8毫米，直径约5毫米。

雪松在北京也被称作香柏，是比较常见的园艺植物。雪松是高大的乔木，主干笔直高耸，四周伸出平展的枝条，有些小枝会略微下垂。有些植株的树冠比较低，树下空间不大，所以难以遮阴、挡雨。

雪松的叶子也是针形，不过这些针状叶短小、密集，尖端比较尖锐。我国出土过雪松的化石，但没有现生。现代雪松的产地为中亚、印度等地。我国的雪松，是从国外引进的。

最早一批雪松，是 1920 年左右从美国引种的，后来逐渐在我国各地扩散开，目前全国大部分地区都有栽种。雪松树形大而美观，但占地面积大，不太适合在公路边做行道树，一般种植在开阔的地方。

榆叶梅　16

学名：*Prunus triloba*

落叶灌木，稀为小乔木。株高2~5米。嫩枝无毛或微被毛。叶宽卵形至倒卵圆形，长2.5~6厘米，宽1.5~3厘米，先端渐尖，常3裂，基部宽楔形，边缘具粗重锯齿，上面疏被毛或无毛，下面被短柔毛；叶柄长5~8毫米，有短柔毛。花1~2朵，先叶开放，直径2~3厘米。萼筒广钟形，微被毛或无毛。萼片卵圆形或卵状三角形，有细锯齿。花瓣粉红色。雄蕊20。花期3—4月，果期5—6月。

榆叶梅是特别常见的园艺花卉，在北京各大公园、路边绿化带、小区都能见到。它们是灌木，通常不会太高，只有两三米。每年春天，它们与碧桃等早春花卉一起盛开，装点美丽的春天。

榆叶梅顾名思义，叶子像榆树而花朵似梅花。榆叶梅的花朵为粉红色，花心有黄色的花蕊探出，花朵紧贴着枝条开放，花柄很短。一般的榆叶梅是单层花瓣的，但是现在也培育出多层花瓣的品种，被称为重瓣榆叶梅。

榆叶梅的叶子呈宽卵圆形，叶子外缘一周有小锯齿。仔细观看还能发现，叶的锯齿上有时还有更小的锯齿。这在植物学上叫“重锯齿”，是榆叶梅的一个重要辨识特征。

不过榆叶梅开花的时候，几乎不长叶子，只有花。这时也可以通过枝干来辨识。榆叶梅枝条的树皮通常粗糙、开裂，与花期相同、花型类似的碧桃等植物不同。

榆叶梅原生在亚洲东北部地区，我国东北、西北等地都有分布。不过作为园艺花卉，榆叶梅的栽培历史并不太长，可能始于清代。因为花朵繁盛、灿烂可爱，榆叶梅很受现代园艺的欢迎，在北京特别常见。

红皮云杉　17

学名：*Picea koraiensis*

别名：虎尾松、高丽云杉

常绿乔木。一年生小枝淡红色或淡黄色，有毛或近无毛，基部宿存的芽鳞反卷。叶四棱状条形，长1.2~2.2厘米，辐射伸展或枝条上面的直上伸展、下面及两侧的向上弯展，先端急尖，横切面方菱形，四面皆有气孔线。雄球花单生叶腋，下垂。球果单生枝顶，下垂，卵状圆柱形或长圆柱形，长5~8厘米，熟前绿色，熟时绿黄褐色或褐色。花期4—5月，球果于9—10月成熟。

红皮云杉是乔木，典型的树形是下粗上细的塔形——简单说，就是圣诞树的形状。在欧美国家，它是圣诞树的主要树种之一。红皮云杉的叶子是短针状，通常不太硬，不算扎人，树皮是红褐色的。

红皮云杉的分布地区很广，我国东北、内蒙古都有野生的云杉林，有些地方是大片的纯云杉林，有些地方则是与一些阔叶树混杂成林。

红皮云杉在我国的种植栽培历史应该比较长。汉代的典籍中有记载，园林中有“枞”树，记录其“松叶柏身”，今推测其为云杉。它的叶子如松叶，也是针状的，而树干的树皮略似柏树。

红皮云杉没有好看的花朵、遒劲的树干，在我国的园艺历史上，不太被人们重视。到了近现代，才开始被当作园艺植物。因为枝条紧密、树形规整，有些地方会把它作为行道树。在北京的公园、绿化带等处，能看到圣诞树形状的红皮云杉。

君迁子 18

学名：*Diospyros lotus*
别名：黑枣

落叶乔木。株高可达15米；树皮暗灰色，老时呈小方块状裂。嫩枝灰绿色，有灰色柔毛或无毛。叶椭圆形至长圆形，长5~14厘米，宽3.5~5.5厘米，先端渐尖或稍突尖，基部圆形或宽楔形，下面灰绿色有毛；叶柄长0.5~2厘米。花单生或簇生叶腋；萼4裂，密生柔毛；花冠淡黄色或淡红色。浆果，近球形，直径1.5~2厘米，熟后变黑色。花期4—5月，果期9—10月。

人们可能对君迁子这个名字比较陌生，但是说起“黑枣”，大多数人至少听过。黑枣虽然不是主流的水果，但是冬天的北京，在一大片火红的山楂糖葫芦之中，总少不了几串黑枣糖葫芦做点缀。

君迁子是高大的落叶乔木，大大的椭圆形叶片，灰色的树皮有时会有灰色的软毛。君迁子分布范围很广，分布在我国大部分地区，在西亚、南欧也有分布。

君迁子的果实大约有成人的大拇指第一个指节那么大，成熟后变成黑色。因为果子像枣，所以也被叫作黑枣。黑枣又软又甜，虽然果肉不多，但是很好吃。我国食用黑枣的历史特别久，可以追溯到大约 1 万年前，在河南、湖南一些地方的新石器时代遗址中，都发现了它们的种子。在西汉时期，人们就把君迁子种植在园林中。

君迁子还跟柿子有一段纠缠不清的关系。从植物分类上说，它们是近亲，外形上也非常相似。这种相近的血统，让君迁子成为嫁接柿树的砧木——就是分别把君迁子和柿树砍断，把柿树的枝条嫁接在君迁子的树干、树根上。君迁子寿命长、更健壮，可以为柿树提供养分。这种嫁接技术，早在北魏时期就已经广泛运用了，《齐民要术》中有详细记载。

柿 19

学名：*Diospyros kaki*

落叶乔木。株高可达20米；树皮黑灰色，方块状裂；枝粗壮，具褐色或黄褐色毛，后脱落。叶卵状椭圆形、倒卵状椭圆形或长圆形，长6~18厘米，宽3~9厘米，先端尖，基部宽楔形或近圆形，上面绿色，下面淡绿色，沿叶脉常有毛。叶柄长1~1.5厘米。花期5—6月，果期9—10月。

柿树既是果树，也是特别常见的庭院植物，在北京，很多古建筑周围、四合院里，都有柿树。柿树是落叶乔木，能长到20米左右，树皮为黑灰色，叶子为大大的卵圆形。

很多植物最引人注意的时候是春天或夏天，而柿树往往到深秋、初冬才被人关注。因为这个时候，它的叶子几乎落光了，而枝头挂满鲜艳的橙黄色果实。柿子成熟之后，硬邦邦的，口感极涩，需要放置很久，待软化之后才能吃。现在也有一些青色的脆果品种，但是在北京种植的，大多数还是普通品种。

柿子种植历史也很久，从西汉就开始作为果树被人们种植，而且柿子被认为有止口干、戒酒的功效。

不光是人们喜欢柿子，动物也喜欢。在深秋时节，经常能见到喜鹊在树枝上啄食柿子。据说喜鹊很聪明，能从满树的柿子中，找到最成熟、软甜的那个。

玉兰　　20

学名：*Yulania denudata*

落叶乔木。株高可达15米。小枝淡灰褐色或灰黄色，嫩枝有柔毛；冬芽密生灰绿色或灰黄色茸毛，叶倒卵形至倒卵状长圆形，长8~18厘米，宽6~10厘米，先端突尖，基部楔形或宽楔形，全缘，上面绿色有光泽，下面淡绿色，叶脉上生柔毛。叶柄长2~2.5厘米。托叶膜质，脱落后小枝上留一环状托叶痕。花单生于小枝顶端，先叶开放，白色或紫红色，有芳香，花径12~15厘米，花被9片。花期4月初，果期5月。

玉兰的名字非常好听，形容其花似白玉、香气如兰。玉兰是落叶乔木，能长到十几米高，枝条不太密，叶片略厚，表面有光泽。

玉兰原产我国，因为花大而美丽，成为特别受欢迎的园艺植物，被输出到世界各地。在我国，玉兰几乎在各大城市都有种植，在北京更是常见，在颐和园、圆明园等园林中，都有它们的身影。

玉兰花朵巨大，这在北方植物中比较少见。玉兰花颜色洁白，开花早于长叶，早春时便满树洁白，引人注目。

东汉就有对玉兰的记载，人们认为玉兰的花蕾可以入药。在宋代，玉兰已经是常见的园艺植物。现在北京也常见紫玉兰，这是玉兰的一种近亲植物，另外还有玉兰与紫玉兰杂交的品种，花瓣基部紫红，上部洁白，也很美观。

玉兰还与北京一种传统手工艺品有关。玉兰花的越冬花芽包裹着一层有茸毛的萼片，人们捡拾这种毛茸茸的花蕾，等到夏天寻找知了（蝉）的蝉蜕，把它们粘贴到一起，制成一种叫“毛猴”的玩具。

北京最有名的古玉兰位于海淀区的大觉寺，它种植于清代，已经有300多岁了。

加杨 21

学名：*Populus × canadensis*

别名：加拿大杨

落叶乔木。树枝开展或微上升。树皮灰褐色，老时具沟裂。小枝圆筒形或微具棱角，光滑或被稀柔毛。冬芽褐色，先端具长尖，具黏质。叶三角形或三角状卵形，先端渐尖，基部截形或宽楔形；边缘半透明，具圆齿；叶柄扁而长。雄花的雄蕊由15~25枚组成，着生在全缘的花盘内，苞片先端多为丝状尖裂。雌花的子房为圆球形，柱头2~3裂。蒴果。

加杨，也叫加拿大杨，是北京最常见的一种杨树，经常种植于路边作为行道树。加杨是落叶乔木，能长到 30 多米，非常高大。相对于其他种类的杨树，加杨的叶片不大，三角形或近卵圆形，一般不超过 10 厘米。

加杨原产美洲，它本身是欧洲黑杨和美洲黑杨杂交出来的园艺树种。它的优势是耐寒、耐旱，甚至对盐碱也有一定的耐受度，同时也不怕湿热，对生长环境不挑剔。而且这种树生长很快，不用几年就长得高大、挺拔，宽大的树冠可以遮阴，非常适合当行道树和庭院遮阴树。20 世纪 50 年代引入我国后，加杨就迅速在各地广泛栽培。

北京还有一种非常常见的杨树——毛白杨。毛白杨的树形、叶形与加杨相似，不过叶片更大，能超过 10 厘米，而且叶片比较厚实，风吹过，叶片会发出哗啦哗啦的“鼓掌”声。

看树干就可以把这两种杨树区分开。加杨的树皮褐色、粗糙、龟裂，而毛白杨的树干光滑，一般为青白色，布满菱形的皮孔，还有“大眼睛”（砍除枝杈后留的疤）。两种杨树，在春天都会“飞絮”，北京春季的“柳絮”，其实有相当一部分是来自这两种杨树。

蒙椴 22

学名：*Tilia mongolica*

乔木。株高可达10米以上。树皮红褐色。小枝光滑，带红色。叶卵圆形或近圆形，长4~7厘米，宽3~7厘米，先端突尖，基截形或心形，边缘具不整齐的粗锯齿，有时叶片3浅裂；上面灰色至浅蓝绿色，光滑，下面脉腋有簇毛；叶柄长2~3厘米，具毛。聚伞花序，有花6~12朵。苞片光滑，有柄。萼片外面无毛。花瓣黄色。花期7月，果期9月。

蒙椴是落叶乔木，能长到 20 米左右，因为花朵小、果实也不能吃，对大多数人来说，了解不多，甚至都没听过它的名字。其实它是一种很常见的园艺树木，在很多城市公园、庭院都有种植。

蒙椴其实是蒙古椴树的意思。明代的《救荒本草》里有记载，说它嫩叶可食，可以当作饥荒时续命的“野菜”。当菜不太好吃，但是蒙椴跟一种好吃的东西有关，那就是椴树蜜。椴树开花时，养蜂人会在树边安营扎寨，让蜜蜂采椴树花蜜。椴树蜜比普通蜂蜜更容易结晶，通常是乳白色的膏状，属于蜂蜜中比较“高档”的种类。蒙椴和其他几种亲缘关系比较近的椴树，都是优秀的蜜源植物。另外，蒙椴的木材质地比较坚硬，可以当建筑材料。

在植物分类学中，蒙椴属于椴树属，而现代植物学之父、瑞典著名植物学家林奈的姓氏 Lind，在瑞典语中，就是椴树的意思。

杏 23

学名：*Armeniaca vulgaris*

落叶乔木。株高可达10米。小枝褐色或红紫色，有光泽，通常无毛。叶片卵圆形或近圆形，长5~9厘米，宽4~5厘米；先端具短尾尖，稀具长尾尖；基部圆形或渐狭，边缘具钝锯齿，两面无毛或仅在脉腋处具毛；叶柄长2~3厘米，近顶端处常有2腺体。花单生，无梗或具极短梗，先叶开放，直径2~3厘米。萼筒圆筒形，基部被短柔毛，紫红色或绿色；萼片卵圆形至椭圆形，花后反折。花瓣白色或浅粉红色。花期4月，果期6—7月。

杏是一种果树，但是因为花朵好看、果实满树时也很喜庆，所以经常作为观赏植物点缀庭院、公园。

很多植物在我国漫长的历史中名字几经改变，但是杏这个名字却很古老，能追溯到甲骨文中。“杏”字上木下口，这个“口”其实就是一颗杏果，而上面的“木”则是枝条。这么一说，是不是觉得非常形象？这说明，我们的祖先很早就认识这种植物了。

杏是小乔木，经过人工修剪，一般不会太高。杏花白中带粉，花朵贴茎而生，花托为红色。杏其实与碧桃、山桃、榆叶梅等北京常见的“春花”亲缘关系很近，花朵相似，不好区分。杏花通常比其他那几种略小一点，而且它新长出小树枝是红褐色的，叶片也要宽一点。

如果结了果子，杏树就不难分辨了。人们培育出来不少品种，杏的果实有白色、黄色、红黄等多种多样，酸甜不一。杏还有一个重要的用途，就是果仁可以入药，早在汉代，就有用杏仁入药的记录。

杏在我国的传统文化中比较常见。比如宋代叶绍翁的著名诗句“满园春色关不住，一只红杏出墙来”。此外，杏坛指文坛、杏林指医界，都有典故。

西府海棠 24

学名：*Malus × micromalus*

小乔木。株高可达5米。小枝嫩时被短柔毛，老时脱落，紫红色或暗紫色。叶长椭圆形或椭圆形，长5~10厘米，宽2.5~5厘米，先端急尖或渐尖，基部楔形，边缘有尖锐锯齿，老时两面无毛；叶柄长2~2.5厘来。伞形总状花序，有花4~6朵，集生于小枝顶端。花期4—7月，果期8—9月。

西府海棠是北京特别常见的一种园艺植物，几乎各大公园都有种植。西府海棠是海棠的一种，其下又有一些不同品种。总体来说，海棠开花美、挂果美，再加上耐寒旱、易种植等优点，让它们在园艺界流行了千年。

海棠有产果、赏花等不同品系，西府海棠主要作观赏用途。它们的花朵粉白、花蕊嫩黄，开放时满树繁花，特别漂亮。海棠的花柄比较长，这点可以把它们与颜色相近的碧桃等花区分开。

西府海棠的树形也有特色，属于小乔木，一般不超过 5 米，枝丫向上陡立，整体看起来比较精神，枝叶的形态也很美。作为观赏品种，它们也结果实，只不过果子比较小、味道偏酸。在北京的宋庆龄故居里有几株西府海棠，宋先生曾用结出的海棠果制作果酱。

从唐代开始，人们就广泛种植西府海棠，也流传了不少与之有关的诗句、典故。宋代文学家苏轼写过“却似西川杜工部，海棠虽好不吟诗”的句子。其中提到的杜工部，指的是唐代大诗人杜甫。杜甫写诗无数，但因为避讳母亲的名字，从来没在诗句中提到过海棠。海棠花常被当作美女的象征。据说唐明皇见到宿醉未醒的杨贵妃，说其是“海棠睡未足”。“海棠春睡”一词就来源于此。

山樱花 25

学名：*Prunus serrulata*

落叶乔木。株高可达17米。嫩枝光滑无毛，稀有微具毛。叶卵圆形、倒卵圆形或椭圆形，长5~9厘米，宽3~5厘米，先端长渐尖，基部楔形，边缘具有芒锯齿，两面无毛或仅下面沿脉处微具柔毛。叶柄长0.5~1厘米，被短柔毛，具2~4腺点。总状花序，具花3~15朵，先叶开放。苞片宿存，篦形至圆形，大小不等，边缘具浅锯齿。花直径2~3厘米；花梗长2~2.5厘米，无毛。花期4—5月。

山樱花有很多种，在北京比较多见的是日本晚樱。需要说明的是，山樱花并不是樱桃，它们是不同种的植物。

说起山樱花，总让人联想到日本。日本有数百个山樱花品种，而且日本人也有赏樱习俗，还把这件事提升到文化层面。其实我国原产有山樱花，在东北、华北和华东地区都有，北京的昌平也有野生的山樱花。

现在公园里常见的山樱花是从日本引入的园艺品种，开花多、花朵美，适宜观赏。北京玉渊潭公园的山樱花特别有名，公园里种植了 2000 余株不同品种的山樱花，其中一些是从日本引进的。每年春天，玉渊潭都举办樱花节，届时游人如织，热闹非凡。在北京之外，武汉大学校园内的山樱花也很著名，每年花期，慕名而来的赏花人在校园中随处可见。其实看山樱花，也不必去那些热门的地方，北京不少公共场所、大学里也有山樱花。

苹果 26

学名：*Malus pumila*

乔木。株高可达8米。小枝幼时密被茸毛；老时紫褐色，无毛。叶椭圆形、卵形至宽椭圆形，长4.5~10厘米，宽3~3.5厘米，先端急尖，基部宽楔形或圆形，边缘具圆锯齿，幼时两面具短柔毛，成熟时上无毛；叶柄长1.5~3厘米，被短柔毛。伞房花序，具花3~7朵，集生于小枝顶端；花梗长1~2.5厘米，被短茸毛。花直径3~4厘米。萼筒外密被茸毛，萼片披针形或三角形。花蕾时花粉红色。花期5月，果期7—10月。

苹果树主要作为经济树种，并不是主流的园艺植物，有些人家会把它栽种在院子里。苹果是乔木，一般不是特别高，能长到 10 米左右，而在果园里，多只有三四米高。

苹果花也很漂亮，不逊于各种园艺花卉。花朵为白色、粉红色，花形与海棠比较相似，不过更短一些。北京郊区有一些苹果园，春季的时候，去果园赏花也是很好的选择。可能是苹果的果实太过引人注意，让人们对它的花关注很少。

我国也有一些野生的苹果,但是目前广泛种植的还是从国外引入的水果品种。苹果的种类繁多，果实大小、颜色、味道差异很大。总体来说，苹果树比较耐寒，在北方地区以及四川、云南等地都有种植。

杜仲 27

学名：*Eucommia ulmoides*

落叶乔木。株高约10米。树皮灰色，折断后有银白色黏丝。小枝无毛，淡褐色至黄褐色，枝具片状髓心。单叶，互生，卵状椭圆形或长圆状卵形，长6~16厘米，宽3~7厘米，先端锐尖，基部宽楔形或圆形，边缘有锯齿，表面无毛，背面脉上有长柔毛，侧脉对生；叶柄长1~2厘米。雌雄异株，无花被。花常先叶开放，生于小枝基部。花期4—5月，果期9—10月。

杜仲是阔叶乔木，可以长到10多米。这种树的名字很有趣，它来源于一个传说。《本草纲目》中记载，有位叫杜仲的人，长期食用一种植物而得道成仙。人们就把这种植物以仙人名字命名了，所以杜仲也叫思仙、思仲。

杜仲可以入药。东汉就有以杜仲的树皮、嫩芽、果实入药的记载，说它有补身体、强筋骨等功效。人们种植杜仲，多作为药用植物，而不是装饰点缀。此外，杜仲还是国家二级保护植物。

杜仲的叶子长卵圆形，比成人手掌略小。叶子有一个与众不同的特点——撕开叶片，断口处会分泌出银白色的黏丝。如果心细手巧，可以把一片叶子撕成好几片，但是细丝相连，保持不断。撕它的树皮，也会有黏丝。

北京一些公园如朝阳公园、国家植物园里种植有杜仲，因为它花、果都不出众，所以一般不太引人关注。

榆树 28

学名：*Ulmus pumila*

落叶乔木。树皮暗灰色，粗糙，纵裂。小枝黄褐色，常被短柔毛。叶椭圆状卵形或椭圆状披针形，长2~9厘米，宽1.2~3.5厘米，先端锐尖或渐尖，基部圆形或楔形，两边近对称，叶缘为重锯齿或单锯齿，侧脉9~16对；脉腋常簇生毛；叶柄长2~8毫米，被毛。花先叶开放，多数为簇生的聚伞花序，生于上一年生条的叶腋。花期3月，果期4—5月。

榆树是北京最常见的树木之一，它的果是绿色的圆形小片，形状像铜钱，被称为“榆钱”。榆钱特色鲜明，所以榆树非常好辨别。

中国人对榆树的认识非常早，甲骨文中就有“榆”字。马王堆出土的文物中，也有关于榆树入药治病的记载。入药的部分主要是榆树树根、树皮，有通便等功效。

榆树的花很小，非常不明显，相对来说，榆钱要显眼得多。榆钱可以吃，而且味道还不差。在北京，榆树结果是在4月左右。在过去，这正是“青黄不接”的时候，粮食、蔬菜都少。榆钱这个时候出现，正好补充食物的不足。榆钱饭、榆钱窝头、榆钱粥，这些都是传统做法。就算不是贫困人家，春季也会吃些榆钱，因为榆钱谐音“余钱”，讨个好口彩。

北京的榆树很多，房前屋后都常出现。榆树的繁殖能力很强，榆钱飘到哪里，自己就在哪里生长出来，有时甚至会长在其他树上。北京市门头沟区一座寺庙遗址里曾有“柏抱榆”的古树，就是榆树在古柏树中发芽生长。

除了提供榆钱，榆树的木材也相当好。家里有女儿出生，在院子里栽下榆树，待女儿出嫁，榆树也成材了，正好可以制作嫁妆。

垂柳 29

学名：*Salix babylonica*

别名：杨柳

落叶乔木。枝细长，下垂；小枝褐色，无毛，仅在幼嫩时稍被柔毛。叶条状披针形或狭披针形，先端渐尖，基部楔形，边缘具细锯齿，两面无毛；托叶披针形，只见于嫩枝上。雄花序生于短枝顶，上生3~4片全缘的小叶，花序轴具茸毛；苞片条状披针形，光滑，只沿边缘有纤毛；雄蕊2个，花丝基部多少具柔毛，具2个腺体。雌花序轴被短毛，苞片和子房光滑，花柱短，柱头2裂，具1个腺体。蒴果2裂；成熟种子很小，外被白色柳絮。花期3—4月，果期4月。

垂柳是高大的落叶乔木，在北京很常见，特别是河流水岸，经常种植。垂柳的枝条柔软下垂，非常独特，容易辨认。垂柳是中国特产植物，甲骨文中就有“柳”字，字形是树木下垂穗状。因为树形美好，垂柳已经被欧美等国引种栽培，是很受欢迎的园艺树木。

北京种植的柳树很多，而赏柳的地方也不少，颐和园就是其中之一。昆明湖畔种植了不少垂柳，柳枝摇曳，景色绝佳。在颐和园西边的耕织图处，还保存了十几棵古柳，种植于乾隆年间，已近 300 年历史。耕织图的建筑、景观曾毁于英法联军，这些古柳便成为复建景观的重要参考。

垂柳还有一个别称——杨柳，这个名字源于隋炀帝。隋炀帝修大运河，在河边种植柳树遮阴，并赐御姓以表其功绩。

垂柳多次入诗，最脍炙人口的是唐代诗人贺知章的《咏柳》：“碧玉妆成一树高，万条垂下绿丝绦。不知细叶谁裁出，二月春风似剪刀。”历史文化名人中，陶渊明自号“五柳先生”，以自家栽种的柳树为自己取号，并作《五柳先生传》明志。此外，“柳”字音谐“留”，因此在我国的传统文化中，柳树又被赋予了思念的意思。如朋友、亲人离别，常折柳枝，寄托思念之情。

桃 30

学名：*Prunus persica*

落叶乔木。株高4~8米。嫩枝无毛，有光泽。芽2~3个并生，中间的为叶芽。叶椭圆状披针形或长圆状披针形，长8~12厘米，宽3~4厘米，先端长渐尖，基部楔形，边缘有较密的锯齿，两面无毛或下面脉腋间具稀疏短柔毛；叶柄长1~2厘米，无毛，具腺点。花常单生，先叶开放，直径2.5~3.5厘米，花梗极短。花瓣粉红色。核果，近球形或卵圆形，直径5~7厘米，表面被茸毛，腹缝极明显。果肉多汁，离核或粘核，不开裂。果核表面具沟和皱纹。花期4—5月，果期6—8月。

桃是我们最熟悉的植物之一，粉红娇艳的桃花、甜蜜多汁的桃子，还有许多用桃培育出来的观赏园艺植物，是最受人们欢迎的植物之一。

桃原产我国，是人们最早驯化的树种之一。“桃”字右半边的“兆”，有丰富的意思，表示桃树硕果累累，产量很高。花朵美丽、水果好吃还多产，这样的树，人们自然喜欢。“桃之夭夭，灼灼其华。之子于归，宜其室家。”《诗经》里用桃来类比想娶回家的女子，既说明姑娘容貌姣好，也暗示她未来多子多福，可以让家族人丁兴旺。

桃花颜色粉红，花朵一般为单瓣，花柄短，贴着枝条开放。粉红色春花的植物很多，区分桃花要抓住它的特点。桃是花与叶同时生长，开花时枝条上会有一些新长出来的叶子，而碧桃、榆叶梅等基本是先花后叶，花开时枝条上没有树叶。

桃的栽培历史很长，商代遗址中就出土过桃核，《诗经》里也提到“园有桃”，说明当时就已经有人工种植的桃树了。因为历史悠久，桃培育品种也很多：有些树叶呈紫色，花期过后还可以赏叶；有些则以美果著称，结出的桃子大而甜。

在中国传统文化中，有关桃的故事很多。比如王母娘娘的仙桃传说、二桃杀三士的历史故事，还有陶渊明著名的《桃花源记》等。

构树 31

学名：*Broussonetia papyrifera*

落叶乔木。树皮暗灰色，平滑或浅裂。小枝粗壮，密生茸毛。叶宽卵形或长圆状卵形，不裂或不规则的3~5深裂，叶缘具粗锯齿，上面具粗糙伏毛，下面被柔毛，叶长7~20厘米，宽6~15厘米。叶柄长2.5~8厘米，密生柔毛。花单性，雌雄异株。聚花果球形，直径2~3厘米，成熟时肉质，橙红色。花期5—6月，果熟期9—10月。

构树这个名字听起来不太熟悉，但是其实这种树特别常见。从暮春到夏末，有时无意间在路边看到一棵棵结着红果子的大树，走近细看，红艳艳的果子又不是一个完整果实，而是很多“小棒槌”样的果子聚集在中间的绿色小球上。这就是构树。

构树很容易辨认，它的叶片比较大，有点像成人的手掌，叶片的凹陷形状不规则，往往左右不对称。它的果子属于聚花果，一个乒乓球大小的果实，其实是由很多小果子组成的。很多人看它的橙红色的果子，忍不住要问，能吃吗？回答是肯定的。构树果实可以吃，而且味道还有点儿甜。不过我们不提倡吃它。因为它的果子小，不像苹果、桃子那样可以去皮，果子上经常落满灰尘。而且因为味道甜，会吸引蚂蚁等小虫前来取食。

这种树繁殖能力很强，往往不用人特意栽种，在街边、宅院经常会见到它的身影。构树在我国南北各地都能生长，适应能力很强。构树古名楮树、楮桃，它的树皮可以入药，也可以造纸。

山楂 32

学名：*Crataegus pinnatifida*

乔木。株高可达6米。有刺，稀有无刺者。小枝紫褐色，老枝灰褐色。叶宽卵形或三角状卵形，长6~10厘米，宽4~7厘米，先端渐尖，基部楔形或宽楔形，通常有3~5对羽状深裂片，裂片卵形至卵状披针形，边缘有稀疏不规则的重锯齿。伞房花序，多花，花直径约1.5厘米。花瓣白色。果实近球形，直径1~1.5厘米，深红色，有浅色斑点，萼片宿存。花期5—6月，果期9—10月。

山楂是北方地区常见的果树，会作为装饰果树种植在庭院里。山楂耐寒喜阳，比较适应在山的向阳坡生长。北京郊区山地上有不少野生或人工种植的山楂，西郊大觉寺附近还有种植山楂的果园。

山楂开花的时间比较晚，一般在五六月份，此时大多数春花已谢，山楂正好可以“接棒”，让人们继续赏花。山楂比较好辨认，它的花为白色，聚成一小簇，密集地开放。开花时叶子已经长得比较繁茂，绿叶衬托白花，也很美观。山楂的叶子比较厚，叶形有点像“圭”字，比较好辨认。而到了秋季，枝头挂满红色的果实，那就更不会认错了。

山楂还有个变种，叫山里红。它们的主要区别在于果实的大小，山楂的果子一般只有一两厘米，而山里红则有两三厘米。人们一般把这两个名字混用（它们的实际差别也确实不大），我们日常吃的山楂果，一般都是山里红。

山楂的果实比较酸，有些还有点苦，谈不上特别好吃。唐朝人认为山楂可以治疗痢疾、头疼等病；现代医学认为山楂有开胃的功效。在北京，有不少用山楂做成的小吃，包括炒红果（类似果酱）、山楂糕、山楂糖葫芦等，是冬季常吃的美味。

二球悬铃木 33

学名：*Platanus acerifolia*

落叶乔木。株高10~20米。叶阔卵形，长10~21厘米，宽12~20厘米，3~5裂至中部，裂片边缘疏生牙齿；上下两面幼时被黄色星状短柔毛，后变无毛；叶柄长3~10厘米，密被黄褐色毛。果枝有球形果序，通常2个，常下垂，直径2.5~3.5厘米。小坚果长约9毫米，基部有长毛。花期5月，果期9—10月。

悬铃木是北京特别常见的行道树，特别是在校园、小区、公园里格外多。它们的果实特别有特色，直径 2 厘米左右的小球挂在树上，好像悬着的铃铛，辨识度特别高。

其实悬铃木不是单一的树种，而是 7 种悬铃木属树木的统称。我国引种栽培的主要有 3 种，通常来说，一球悬铃木被称为美国梧桐，三球悬铃木被称为法国梧桐，二球悬铃木是一球与三球的杂交种，被称为英国梧桐。它们所带的国家名称与“租借地”有关，比如“法国梧桐”，就是因为当年上海的法租界内种植的三球悬铃木较多，人们以为这是法国来的物种，树叶叶片大、有点像中国的梧桐，“法国梧桐”也就因此得名了。

有人觉得，顾名思义，一球悬铃木就是 1 个球；二球悬铃木就是一簇 2 个球长在一起，用球数可以来分辨这几个树种。其实不然。因为二球悬铃木的果实，1、2 个球都有可能。它们的差别在树皮、树叶上，看树皮比较容易区分。一球悬铃木的树皮是鳞片一样的小块，每块有几平方厘米大；二球悬铃木的树皮分块比较大，而且通常大片剥落，露出内部比较光滑的树干。

毛白杨 34

学名：*Populus tomentosa*

落叶乔木。树干笔直而明显。幼树皮灰绿白色，有散生的菱形皮孔，老时褐色，纵裂。树冠圆锥形或卵圆形。小枝圆筒形，灰褐色，幼时被白色茸毛，后渐脱落。冬芽卵状锥形，被褐色短茸毛，有树脂。长枝上的叶三角状卵形，先端渐尖；基部叶稍心形，有2腺体，上面绿色，下面被茸毛。短枝上的叶较小，卵状三角形，叶缘具波状齿，背面光滑，叶柄侧扁。雄花序长10~20厘米，下垂。花期3月下旬—4月上旬，果期4月下旬—5月上旬。

毛白杨是北京常见的树种，作为行道树广为种植。每年春季，北京都有一段飞絮飘扬的时候。白色的小毛毛如同雪花，纷纷扬扬，很多人对此非常痛恨，因为它能引起过敏反应，飘进眼睛、嘴里也特别让人讨厌。而且这些白毛遇火极易燃，存在安全隐患。当然，也有不少人觉得，春天的漫天飞絮，别有一番意境。这些飞絮便是杨树的种子。

北京有不少种杨树，毛白杨是其中一种。它结的花比较有特色，有点像一串串下垂的鞭炮，只不过是绿色的，而且每颗“炮仗”都非常小。剖开这些绿色的小炮仗，里面就是白色的“棉絮”，棉絮里裹着毛白杨细小的种子。棉絮随风飞舞，种子也散播开去。

毛白杨是中国的本土物种，汉代就有种植记载。它树形高大、长得快，适合遮阴乘凉，但是木质比较疏松，不太适宜做建材木料。北京曾经有很多街道种植毛白杨，但是因为有飘絮问题，新修街道的行道树一般改用其他树种了。

梧桐 35

学名：*Firmiana simplex*

落叶乔木。株高可达15米。树皮光滑，灰绿色。小枝疏生柔毛。叶掌状3~5裂，长15~20厘米，基心形，裂片全缘；叶柄长与叶片略相等。圆锥花序，顶生，长25~50厘米。花黄绿色。萼片长圆形，长约1厘米，花瓣状。心皮4~5，开裂成叶状，长3~10厘米。蓇葖果，种子球形。花期6—7月，果期10月。

梧桐在北京其实广有分布，只是总量可能不是特别多，所以很多人虽然知道这个名字，但以为它是南方的树木，北京没有。梧桐是高大的乔木，魁梧挺拔，树形美观，它的适应性很广，我国广大地区都能种植。北京的天坛公园、朝阳公园、龙潭公园以及一些小区里都有。

梧桐可提供优质木材，在春秋战国时期，梧桐木就用于做棺材。从汉代起，人们就把梧桐叶、树皮当药材，现代中药中，梧桐全株各处都可以入药。

古人认为梧桐品格高洁，是特别好的树种。《诗经》中就有描写凤凰与梧桐的诗句。《庄子》中记载有种神鸟，只栖息在梧桐树上，只饮甜美的泉水。

梧桐叶片大，雨滴落下，滴答声如有韵律。宋代女词人李清照就有“梧桐更兼细雨，到黄昏，点点滴滴”的优美词句。还有南唐李后主的“寂寞梧桐，深院锁清秋”，给梧桐增添一种忧郁美的意象。

先人们为何如此推崇梧桐，目前已难以考证。不过，梧桐树形高大挺拔、叶片宽大，总体很美观。另外，它的木材可以制琴，这种“高雅”的用途，可能让它区别于一般树木吧。

黄栌 36

学名：*Cotinus coggygria*

灌木或小乔木。树皮暗褐色。单叶，互生，倒卵圆形、卵圆形或圆形，长3~8厘米，宽2.5~7厘米，先端圆或微凹，基部圆形或宽楔形，全缘，两面有灰色柔毛，下面较密，侧脉6~11对，先端常叉分开；叶柄长1.5~2.5厘米。花杂性，直径约3毫米，花梗长7~10毫米；排列成顶生的圆锥花序，花序梗和花梗具柔毛。核果，肾形，长3~4毫米。花期4—5月，果期6—7月。

黄栌也叫“红叶”，每年秋天，黄栌的叶子会变成红色，是著名的赏叶植物，适合在庭院、公园种植。

黄栌是灌木或小乔木，通常只有三四米，大多从底部就分出几根主干，倾斜着散开，经过修剪，树冠可以略呈球形，姿态美观。它的叶子疏密适中，叶片近圆形。进入秋季，枝头最高的叶子开始变成红色，然后逐渐向下，最终全树的叶子都变成红色，非常夺目。在北方，大多数阔叶树到秋天叶子都会变色、掉落，但是能变得这么红艳，而且保持很长时间不掉落的，却只有黄栌。

有不少人会问，既然黄栌叶子最大的特色是变红，为什么叫“黄”栌而不是“红”栌呢？这是因为黄栌树枝内部的木质部是黄色的，可以提取黄色的染料。在唐代，人们就已经开始用黄栌来染纺织品了。

中国人很早就开始种植黄栌，早在西汉时就有相关的记载。黄栌在华北、华东等地都能种植。一些比较讲究的庭院需要“四季有景”，变色的黄栌正好提供秋景。在北京，最著名的黄栌观赏地就是香山。香山上有好几种秋天会变色的树，主要就是黄栌。每年秋天，这里都会举办红叶节，满山红色、绿色、黄色相间分布，是北京知名的一景。

紫叶李 37

学名：*Prunus cerasifera* f. *atropurpurea*

落叶小乔木。株高可达7米。小枝光滑。叶片椭圆形、卵圆形、倒卵形，先端渐尖，基部宽楔形至圆形，边缘具细钝圆锯齿，两面光滑或仅在叶下面沿中脉有柔毛，紫色。花常单生，直径2~2.5厘米；花梗长1.5~2厘米，光滑。花瓣淡粉红色，雄蕊多数。核果，近球形，直径2~3厘米，暗红色。花期4—5月，果期8月。

紫叶李是北京最常见的园艺植物之一，在路边绿化带、小区、庭院、公园等各种公共场所都能见到。它们是一种园艺培育品种，是从原产中亚地区的樱桃李培育出来的，因为叶子是紫红色，故名紫叶李。

大约在 19 世纪，紫叶李被从中亚引入欧洲英法等国，大约到 20 世纪 50 年代才被引进我国。所以紫叶李并没有太多的典故或者故事。

紫叶李是小乔木，可以长到七八米高，枝丫舒展，树形比较美观。紫叶李在春季开花，花和叶同期，一般是单瓣，白色或淡粉红色。相比其他热热闹闹的春花，紫叶李的花小、密度也低，花朵夹杂在树叶之间，略显单薄。但是到了暮春，各种春花都谢幕了，紫叶李紫色的叶子依然可以带来不一样的色彩，增加景点的丰富度，这就凸显了它们的价值。

另外，紫叶李还会结出或红或黄或紫的球形水果，果实不大，直径两三厘米，有点像小型的李子。紫叶李的果实可以吃，不过大多都很酸，毕竟它们是观赏植物，产果不是“主业”。而且观赏植物往往会定期打药，所以不建议大家摘果吃。

枣 38

学名：*Ziziphus jujuba*

乔木。株高5~10米。树皮黑褐色。幼枝光滑，红褐色，呈“之”字形弯曲。托叶成刺，一直刺长2~3厘米，一弯刺反曲成钩状。小枝簇生，复叶状，秋季整个脱落。单叶，互生，长圆状卵形至卵状披针形，长2~6厘米，先端钝或微尖，基部圆楔形，偏斜，边缘有钝锯齿，3主脉；上面暗绿色，光滑；下面浅绿色，沿脉有柔毛；叶柄长1~5毫米。花黄绿色，直径5~7毫米，2~5朵簇生于当年生小枝或叶腋成聚伞状，花梗短。花期5—6月，果熟9月。

枣是我们最熟悉的水果之一，但是你认识枣树吗？就算不结枣，枣树也非常好辨认。枣树是乔木，能长到 10 米左右，树皮呈黑褐色，破碎成小块或者小片状。枣树的叶子比较有特点，一根细长柄上，长着很多片三四厘米长的小叶片。叶片正面比较光滑，油亮亮的。

枣树最大特色，就是有刺！其实“枣”字就与刺有关，“朿”本来就有“刺”的意思，有刺的植物下面挂了 2 个小果子，就是“枣”了。

枣是我国原产的植物，早在距今 7000 多年前的新石器时代遗址中就有发现枣核。有关枣的文字记载也很早，《诗经》就有“八月剥枣、十月获稻”的诗句，说明在周代，枣是人们日常重要的食物之一。根据《周礼》记载，枣也是祭祀祖先宗庙的必备果品之一。又因为“枣”与“早”同音，从唐宋时期就有了在婚床放枣和花生（寓意“早生子”）的习俗。

枣不但好吃，还有安神、养脾胃等功效。历史上有不少关于吃枣成仙的故事。直到今天，枣也被认为是“食补”的好东西。跟其他水果相比，枣产量大，糖分高，味道好，既可以鲜食，又可以晒干储存，真是方便、实惠的一种果子。

枣的分布很广，我国大部分地区都能种植枣。枣的品种多达数百种，仅北京就有几十种不同的枣。老北京四合院里，枣树是很常见的庭院植物。北京还保存着一些古枣树，比如文天祥祠里就有一株明代枣树，在大兴黄村的洪村有株胸径近 1 米的老枣树。

桑 39

学名：*Morus alba*

落叶乔木。树皮灰褐色，浅纵裂。幼枝光滑或有毛。单叶，互生，卵形或宽卵形，长6~15厘米，宽5~13厘米，先端急尖或钝，基部近心形，叶缘具锯齿，有时成不规则的分裂，上面近光滑，下面脉有疏毛，脉腋有簇生毛；叶柄长1.5~3.5厘米，具柔毛；托叶披针形，早落。雌、雄花均成柔荑花序，花单性，雌雄异株。雄花序长1~2.5厘米，雌花序长0.5~1.2厘米。雄花花被片4，雄蕊与花被片同数且对生，中央具不育雌蕊。聚花果（桑葚），长1~2.5厘米，成熟时为黑紫色或白色。花期5月，果期6月。

桑是中国古人最早驯化、栽培的树种，这种植物与中华文明发展有着特别深的关联。现在人们提起桑树，普通人往往只会想到桑果（桑葚），但是在古代，桑是特别重要的经济作物，地位与“五谷”不相上下。

“桑”字在甲骨文中就有，上面的 3 个“又”，表示的是 3 只手。为什么树木上有 3 只手？手是在工作，在采摘桑叶。桑树外表并不出众，高度适中、叶片近圆。有种肉虫子专门爱吃桑叶，我们的祖先发现这种虫子吐出的丝可以用于纺织——桑蚕养殖、蚕丝纺织，成为不亚于“四大发明”的技术进步。

到底是什么人发明了桑蚕技术，还没有确切的证据。公元前四五千年的良渚文化遗址中，就有了蚕丝织物。根据《夏小正》等古籍，有人推测，可能在商周之前，就出现了“桑政”，即统治者敦促种桑养蚕。就像耕牛不能随便屠宰，在秦汉时期，桑树也不能随便砍伐。

桑树原产我国的中部和北部地区，后来全国广泛种植，也被亚欧其他国家引种。北京的桑树比较常见，在颐和园，有株比较大的古桑树。在公园古迹内，也会种植有桑树。按果实颜色分，北京常见的有紫桑和白桑，桑果成熟时非常甜蜜多汁。如果你发现一棵桑树，可要记住它的位置，待结果时再来拜访它。

圆柏 40

学名：*Juniperus chinensis*

别名：桧、桧柏

常绿乔木。树皮深灰色或赤褐色，成窄条纵裂脱落。幼树枝条常斜上伸展，树冠尖塔形；老树大枝平展，树冠宽卵球形。叶二型。刺叶生于幼树上，老树常全为鳞叶，壮龄树二者兼有。刺叶常为三枚轮生或交互对生，窄披针形，长6~12毫米，先端锐尖成刺，基部下延生长，上面有两条白粉带。鳞形叶菱卵形，长约1毫米，交互对生或三叶轮生，排列紧密。球花单性，常为雌雄异株。球果近球形，直径6~8毫米，有白粉，含种子1~4粒。花期4月。

圆柏也叫桧柏，北京一些树木名牌上会标桧柏这个名字。“桧”是个多音字，做树木名时读音为“贵”，而不是“会”。

圆柏高大挺拔，能长到20米以上，主干笔直挺立，类似雪松，而它的叶片则与侧柏相似，是鳞片状的，所以古人形容它“柏叶松身”。圆柏还有一个特别之处，它的叶子有两种形态，除了鳞片状的，低处枝丫上的叶子又短又硬，为针状。一棵树上两种叶，这个特征可以帮你辨认它。

圆柏也是我国原产的树种，在北方各省以及南方一些省份的山林中都有分布。人们对圆柏的认识也很早，《诗经》中就有提及，不过当时叫“桧”。圆柏的寿命比较长，能活超过千年。在河南济源的济渎庙里有一株“尉迟将军柏”，胸围超过7米、树高30米，植于隋代，相传唐初武将尉迟恭曾在树枝上挂宝剑、钢鞭。

圆柏高大、带刺，所以普通人很少在家中庭院种植，但是在皇家园林、寺庙等地比较多见。北京不少园林古建筑中种植有圆柏，比较有名的是东城区国子监内，有元代国子监祭酒（如果把国子监比作大学，祭酒则类似校长）手植的圆柏，已经700多岁。

白蜡树 41

学名：*Fraxinus chinensis*

落叶乔木，株高可达15米以上；小枝光滑；冬芽黑褐色，被茸毛。叶为羽状复叶，长13~20厘米，小叶5~9，多为7，具短柄或无柄，椭圆形或卵状椭圆形，长3~10厘米，宽1~4厘米，基部一对比其他叶小，端尖，基部不对称，边缘有锯齿或具波状齿，上面无毛，下面中脉上有短毛。圆锥花序顶生或侧生于当年枝上，与叶同时开放，大而疏松。翅果，倒披针形，长3.5~4厘米，尖端钝，短尖或凹入。花期4月，果期8—9月。

白蜡树是北京常见的行道树，校园、医院等公共场所都可见到它的身影。白蜡树并不难辨认，它的果实特征鲜明。果实形状像桨，三四厘米长，通常是很多小果实长成一串。很多孩子拿白蜡树的果实当飞镖扔着玩。

白蜡树的名字，真的与蜡有关。不过它并不是像漆树、橡胶树那样直接出产蜡。有一种小虫以白蜡树的叶子为食，它的雄性幼虫可以分泌出生物蜡，收集起来可以用于制做蜡烛。小虫的分泌物为白色蜡质，所以虫被命名为白蜡虫，而虫栖息的树，也就被叫作白蜡树了。

白蜡树在我国南北各省都有种植，比较广布。从宋代开始，人们就利用树皮制药，认为它有明目、除热的功效。另外，树上收集的虫蜡，也被认为有药用。为了得到白蜡，魏晋时期就开始专门种植这种树。

白蜡虫产蜡的量很小，制做蜡烛的原料逐渐被从石油中提取的石蜡替代。白蜡树不再肩负“产蜡”的任务，现在多作为行道树为人们遮阴。

合欢 42

学名：*Albizia julibrissin*

落叶乔木。株高可达16米。树皮灰褐色，不裂或浅裂，小枝绿棕色，皮孔明显。羽片4~12对。小叶10~30对，镰刀形或长圆形，长6~12毫米，宽1~4毫米，先端锐尖，基部截形，中脉极明显偏向叶片的上侧，全缘，有夜晚闭合现象。托叶线状披针形，早落。头状花序，多数，生于新枝的顶端，呈伞房状排列。小花粉红色，连同雄蕊长25~50毫米。花期6—7月，果期8—10月。

合欢树是高大的落叶乔木，能长到十几米，在北京的公园、庭院都有种植，但是因为没有杨树、槐树多，所以很多人对这种树不太熟悉。

合欢的叶子像羽毛，一根叶柄上，有几十对小叶。合欢的叶子与含羞草的叶子形状比较像，所以会被误认为是“含羞草树”。合欢与含羞草的确有亲缘关系，都属于广义豆科，但是含羞草不太耐寒，而且含羞草在南方虽然能长成灌木，但也不会特别高大。合欢的花很特别，犹如一蓬红色的丝状绒毛，让人过目不忘。有了这两个特征，不难辨认它。

合欢的一个有趣之处在于它的名字。典籍中记载，合欢树枝繁叶茂，被风吹动时摇摆的样子很漂亮，可消解烦闷，让人高兴起来。不过这个解释略显牵强。在《神农本草经》里，记载有合欢树皮可以入药，可以安五脏，让人欢乐无忧。也许合欢的名字，与其功效有关。

不管怎么说，合欢都是一种美丽的植物，很早就被人们种植在庭院中。魏晋名人嵇康，还专门在家院中种植合欢，认为它可以排解烦恼。

槐 43

学名：*Styphnolobium japonicum*

落叶乔木。株高可达25米。树皮暗灰色或黑褐色，呈块状裂。小枝绿色，有明显的黄褐色皮孔。小叶7~15，卵状长圆形或卵状披针形，长3~6.5厘米，宽1.2~3厘米，先端急尖，基部圆形或宽楔形，下面有伏毛及白粉。蝶形花冠，旗瓣近圆形。荚果，念珠状，长2~8厘米，径1~1.5厘米，果皮肉质不裂。种子1~6粒，肾形，黑褐色。花期7—8月，果期10月。

槐是我国原产物种，在全国各地都有栽种，特别是北方非常常见。北京的槐树很多，不过因为也种植有很多引自外国的刺槐，为了区别两者，一般把本土的槐称为国槐，而刺槐则被称为洋槐。

国槐是乔木，能长到 20 多米，它有呈羽状排布的小叶。国槐的树干芯材是黄色的，古人认为这是尊贵的象征，可以在植物中位列“三公”。国槐早在周代就开始被种植，还被认为是北方神主，享受非同一般的待遇。春秋时期，齐国的君主爱槐，颁布法令，砍伐槐树要受刑罚。

北京的国槐不少，很多街道的两侧就种植国槐作为行道树。因为“槐”字右半边是个“鬼”，所以民间不把国槐种在自家院内。北京还保存有一些国槐古树，比较著名的是北海公园画舫斋的一株。这株老树胸径超过 1.5 米，树龄有 1300 多年，乾隆皇帝专门让人在它旁边修建屋舍、点缀山石。

值得注意的是，国槐的花有毒，不能吃。北京等地有春季吃槐花的习俗，但吃的是洋槐的花。两种树其实比较好区别，国槐的叶子顶端较尖，洋槐的则比较圆；国槐的果子细长如串珠，洋槐的果子像豆荚，比较扁。此外，它们的花期不同，洋槐在春天开花，吃槐花的时节是春季；国槐在夏季开花，这时候蔬菜水果充足，就不要再打槐花的主意了。

胡桃　44

学名：*Juglans regia*

别名：核桃

落叶乔木。树皮幼时平滑，灰绿色，老时灰白色，有浅纵裂。小枝无毛，具光泽，常被盾状着生的腺体。奇数羽状复叶，叶长22~40厘米；小叶常为5~9枚，椭圆状卵形至长椭圆形，叶缘常为全缘，光滑。雄性柔荑花序，下垂，长5~10厘米，稀有达15厘米者。雄花的苞片、小苞片及花被片均被腺毛，雄蕊6~30枚。雌性穗状花序，通常具1~3（4）花。花期4—5月，果期9—10月。

胡桃，在北京一般都叫核桃。名字带一个“胡”字，说明它并非我国本土植物。核桃原产欧洲东部、亚洲西部，汉代张骞出使西域之后，才传入我国。

我国本土也有其他胡桃科的树木，先民们也会采食其果实，但是张骞带回来的核桃果子个儿大、硬壳里面的果仁多，所以很快在我国散播开来，大江南北广有种植。

核桃是落叶乔木，一般不太高，不超过 10 米。核桃树是羽状复叶，复叶挺大，能长到三四十厘米长，主柄上通常长着 5、7 或 9 片小叶。核桃的果实能在树上挂很长时间，辨识度很高，所以核桃树并不难认。

核桃在北京种植很广，庭院、道路两侧、小区绿地都可见。相信不少人有这样的经历：从核桃树下经过，看着树上的核桃一点点长大，想着哪天摘几个尝尝。但是突然有一天发现核桃都没了，原来是被绿化环卫工人统一清理了……

核桃是大家喜欢的干果，在宋代的书籍中就有记载，说核桃“食之令人肥健、润肌、黑发”。核桃含有丰富的植物油脂，确实对身体有很多好处。不过，因为核桃仁像人脑，民间也流传着“核桃补脑”的说法，这种“以形补形”的说法并不足信。

刺槐 45

学名：*Robinia pseudoacacia*

别名：洋槐

落叶乔木。株高10~25米。树皮灰褐色或黑褐色，纵裂。叶柄基部常有2托叶刺。小叶7~11或更多，椭圆形或卵状椭圆形，先端圆或稍凹，有小尖头，基部圆形或宽楔形，全缘，无毛或近无毛。总状花序，腋生，下垂，长10~20厘米。花冠白色，长15~18毫米，有芳香。荚果，长3~10（15）厘米，宽12~15毫米，深褐色。花期4—5月，果期7—9月。

刺槐在北京多被称作洋槐，是北京特别常见的树种，被作为行道树广泛种植，而家宅庭院、绿地、公园也都特别多。

洋槐名字带个“洋”字，说明它来自国外。洋槐的老家在北美洲，先被引种到欧洲，大约在 18 世纪末，传入我国。现在我国广泛种植，全国各地都有。

洋槐的叶子跟国槐有些相似，也是羽状复叶，但是它的小叶顶端是圆的，而且叶片更软、薄一些。当然，洋槐的一大特色是有刺，所以它得名刺槐。

洋槐的花期在仲春、暮春，白花的花朵如葡萄般一串串挂在枝头。洋槐的花朵不但香，还能吃。洋槐在北京种植有 100 多年的历史，人们把它的花开发出不少种烹饪方法。槐花也可以直接生吃，没有特别的味道，略带一点清香和花蜜的甘甜。

过去人们吃槐花，主要原因是生活水平普遍较低，春季又属于果蔬青黄不接的阶段，所以槐花就跟野菜一样被当作食物的补充。现代社会，吃槐花的人越来越少，偶尔尝一下，大多是为了怀旧。

香椿 46

学名：*Toona sinensis*

落叶乔木。株高可达25米。树皮灰褐色，成窄条片脱落。偶数或奇数羽状复叶，长20~50厘米或更长。叶柄基部膨大，有浅沟。小叶5~11对，长圆状披针形或狭卵状披针形，长6~12厘米，宽2~4厘米，先端渐尖或尾尖，基部偏斜，全缘或有浅锯齿。圆锥花序，顶生，下垂。花白色，钟状，有芳香。萼小，5浅裂。蒴果，种子上端有翅。花期5—6月，果期8—9月。

香椿因为能吃，所以大多数人都知道它，但是你是否认识香椿树呢？

香椿是我国本土的物种，在华北、华东、南部等很多省区都有分布。它是比较高的乔木，能长到20多米。用力揉搓香椿叶，会闻到特殊的香味，它也因此得名。

香椿能吃的部分是春天新长出来的嫩芽。这些嫩芽通常颜色为红褐色，香味比较浓郁。当叶子长大、变成绿色后，就会有苦味，还略有毒性。

因为可以提供食物，所以香椿是挺受欢迎的庭院植物。北京很多四合院里会种植香椿树。而且北京人也比较喜欢吃香椿，“香椿鱼儿”、香椿面是很多人春天必吃的吃食。

人们吃香椿的历史也很长，在唐代和清代，香椿都曾被列入贡品。除了可以吃，香椿的木材结实紧密，是很好的木料。所以从唐宋时期开始，香椿就被广泛种植。

栾树 47

学名：*Koelreuteria paniculata*

乔木。株高可达10米。羽状复叶或二回羽状复叶，长35厘米。小叶7~15，卵形至卵状长圆形，长3~5厘米，基常有裂，缘具粗齿，下面脉上有毛或近光滑。花黄色，宽约1厘米，花序长35厘米，宽而疏散；花瓣卷向上方。蒴果，囊状，长4~5厘米。花期6月，果期8月。

栾树是北京常见的园艺树种，尤其是近几年，栽种特别多，很多街道的路边多有栽种，而在公园、小区、庭院里更是常见。

栾树是中等高度的乔木，树形比较普通，树叶为羽状复叶。栾树的果实特别有特色，像 3 片心形的叶子组成的立体小灯笼，一串串挂在树梢上，非常明显。新生的栾树果实是很浅的绿色，如果捏一捏，会发现它软软的，状如气球。把外皮剥开，里面有绿豆大小的圆形种子。

栾树是我国的本土物种，在大多数省区都有分布。它的花可以入药，还可以提取天然染色剂，能给纺织品染上明亮的黄色。

在周代，栾树还有一个重要职能，就是作为大夫坟墓的封树。周礼对不同阶层的丧葬规格都有规定，天子的陵寝种植松树，诸侯用柏树，而大夫则用栾树。

臭椿 48

学名：*Ailanthus altissima*

落叶乔木。株高可达30米。树冠扁球形或伞形。羽状复叶，长45~80厘米，叶柄及叶轴有柔毛或无毛。小叶13~41，披针形或卵状披针形，长7~12厘米，宽2~4.5厘米，先端渐尖，基部宽楔形、圆形或截形，稍偏斜，近基部有2~4粗齿，齿端各具1腺体，上面无毛，下面无毛或叶脉上有疏毛；有叶柄和小叶柄。圆锥花序，长10~20厘米，顶生。花杂性，白色带绿。花期6—7月，果期9—10月。

臭椿是北京常见的树种，古称为樗（音初）。臭椿是高大的落叶乔木，高度能达 30 米。臭椿树并不难辨认，但和香椿比较像。《本草纲目》里说“香者名椿，臭者名樗”，而臭椿这个名字，也是说它是种“臭的椿”。

臭椿真的很臭吗？其实没有那么夸张。臭椿叶子有腺体，其分泌物味道不太好闻，但是要撕扯、揉搓叶子才会闻到。如果臭椿树安静地长在路边，不会有什么明显气味。另外，因为它长得与香椿很像，两者对比，就显得“臭”这个特点更为突出。

虽然有臭味，但是人们并不讨厌臭椿。它的叶片可以入药，枝干还可以当成薪柴使用。古时候人们对煤的利用很少，取暖、做饭主要依赖薪柴。臭椿的木质比较松，不能制作家具，但这种速生树种，正好是薪柴原料。

臭椿还有一个非常有名的典故。《庄子》里讲，有一棵大树树干臃肿扭曲，完全不成材，而正因为如此，它没有被砍伐，得以“终其天年”。故事里的树，就是臭椿。

其实从外形上，区分臭椿和香椿也不是特别难。它们的树叶虽然像，但是树干外皮却相差很大。臭椿的树皮比较光滑，而香椿的树皮参差破裂，差异明显。

接骨木 49

学名：*Sambucus williamsii*

落叶灌木。株高约3米。树皮浅灰褐色，无毛，具纵条棱。冬芽卵圆形，淡褐色，具3~4对鳞片。奇数羽状复叶，互生，小叶5~7枚；小叶为长圆状卵形，长5.5~9厘米，宽2~4厘米，叶缘具稍不整齐锯齿，下部2对小叶具柄。圆锥花序，顶生。花萼5裂，裂片三角形；花冠黄白色，花期花冠裂片向外反折，裂片宽卵形，雄蕊5。花期6—7月，果期8—9月。

大多数人虽然没听过“接骨木”这种树，但是容易猜到它是一种药材。接骨木是一种灌木，一般能长到两三米高，它的嫩茎可以入药，有“续筋骨”的功效，故而得名。

接骨木是本土植物，在我国东北、华北、华中、华南等地都有分布。这种植物有奇数的羽状复叶，开白色的小花。接骨木的花不大，但是很多小花朵聚集在一起，看起来比较喜人。它的果实是小型的球状浆果，颜色鲜红至黑紫。因为花和果都可观赏，人们也会把它种植在庭院中作为点缀。

需要提醒的是，有些接骨木的果子红艳艳看起来挺诱人，但是不能吃，否则会导致腹泻头晕等。

七叶树 50

学名：*Aesculus chinensis*

乔木，株高可达20米。小枝光滑。掌状复叶，有长柄，小叶5~7，长椭圆形或长椭圆状卵形，长8~15厘米，先端渐尖，基部广楔形，侧脉显著，缘有细密锯齿，下面沿中脉有毛，其余光滑。圆锥花序，连总梗长45厘米，无毛。花长约1厘米，不整齐5裂。萼筒形，5浅裂。花瓣4，白色；雄蕊花丝甚长。果实近球形，端圆钝，1室，3瓣裂；种皮厚。花期5—6月。

七叶树的名字就可以体现它的特征，不过这种树当然不是只有 7 片树叶，而是每片掌状复叶上，都有 5~7 片小叶。七叶树是高大的乔木，能长到 20 米高，是我国的本土物种，后来被赋予了佛教相关的属性，所以多种植在佛教寺院中。

相传佛祖释迦牟尼在娑罗双树下涅槃，所以娑罗双树被视为佛家圣树（国内多简称为娑罗树）。娑罗树是热带植物，在我国北方地区不能生长。大约从唐代开始，七叶树作为娑罗树的“替身”，被视作北方的佛教圣树。唐代有人写过《娑罗树碑》，但根据其描述和树的分布位置，应该是七叶树。

其实娑罗树与七叶树长得并不相似，娑罗树是单叶，叶子为心形，叶尖细长，很有特色。至于误解从何而来，已经不可考。

七叶树在北京不是特别常见的园艺植物，想看它，需要到佛教寺院中寻找。北京的八大处、卧佛寺、碧云寺等古寺中都有种植，而比较著名的是潭柘寺的七叶树。潭柘寺有古七叶树 20 余株，其中年代最早的植于唐代，是我国最古老的七叶树。相传这些七叶树是印度高僧带来的，不过现代植物学家考证应为本土物种。每年到了五六月的花期，七叶树满树白花，为幽静古刹增添了一道风景。

连翘　51

学名：*Forsythia suspensa*

稍蔓生落叶灌木。枝直立或下垂，稍开展，小枝褐色，稍四棱。叶单生或3小叶，顶端小叶大，长5~9厘米，卵形至长圆状卵形，端尖，基阔楔形或圆形，缘有锐锯齿。花先叶开放，1至多朵，长约2.5厘米；萼裂片长椭圆形，长于花冠管；花冠黄色，内有橘红色条纹。花期3—4月，果期5—6月。

连翘也叫迎春柳，是北京最常见、也是开花最早的园艺花卉之一，遍布于路边绿化带、公园、小区，几乎随处可见。

连翘属灌木，枝条如柳条一样，倾斜弯曲，随风摇摆的姿态颇似垂柳。它开花特别早，褐色的枝条还没长叶，就先开出一朵朵黄色的花来。

连翘进入人们的视野很早，但多数是以药材的身份出现。汉代时，人们就知道连翘可以治疗寒热等症状，现在人们依然用连翘制药，比如常见的感冒药银翘冲剂，有效成分就是连翘。

连翘树形美观、开花漂亮，所以也很早就被栽培种植，且广泛分布于南北各地。现在全国几乎都有种植。

在连翘开花的同时，还有一种灌木也到了花期，而且同样开黄色花朵，那就是迎春。有人说用花瓣数量来区分二者，迎春花多是六瓣，而连翘花多是四瓣。不过连翘花偶尔也会有五瓣、六瓣的。其实，最好的区别方法是看枝条：连翘的枝条是褐色的，迎春的枝条是绿色的，而且它们的枝条形态也不相同。

鸡树条　52

学名：*Viburnum opulus* subsp. *calvescens*

落叶灌木。株高达3米。老枝和茎暗灰色，具浅条裂，冬芽卵圆形，为二枚鳞片所包被。叶为长圆状卵形至卵形，长6~12厘米，常3裂，为掌状脉，裂片具不规则的齿；上部的叶常为长圆状披针形或椭圆形，叶柄基部具2托叶，顶端具2~4腺体。聚伞花序组成复伞形花序，边缘具不育花，白花。核果，近球形，红色，核扁圆形。花期5—6月，果期8—9月。

鸡树条这个名字有点奇怪，这种植物的花的名字则比较惊艳——天目琼花。鸡树条是一种落叶灌木，能长到两三米高，但是它的枝条通常不太粗壮，有时甚至会被误认为是草本植物。

鸡树条开花时比较有特色。从远处看，白色花朵像一小蓬伞状。但是凑近仔细看就会发现，其实“伞”中间部分才是真正的可育花，每朵都很小，跟黄豆差不多；而“伞”外围是一些硬币大小的白花，虽然更显眼，但却是不可育的。

花是植物的繁殖器官，植物开花为的是传粉受精、繁殖后代。鸡树条花序内部的小花是可以繁殖的，外围这些漂亮的大花是不育的，它们的存在就是让整个花序看起来更加突出、明显，以此吸引传粉昆虫的注意。这种策略可以提高效率，少数几朵花负责招蜂引蝶，大多数可育花朵就不用耗费营养去长好看的花瓣了。植物的智慧也很让人赞叹。

有些人会把鸡树条当成绣球花，二者确实是亲戚，都属于荚蒾属，外形有相似之处。但是绣球花的花序更大，而且每朵花的大小相似；鸡树条的花朵是大花包围小花，更有特色。

金银忍冬 53

学名：*Lonicera maackii*

落叶灌木。株高达5米。幼枝具微毛，小枝中空。叶卵状椭圆形至卵状披针形，长5~8厘米，顶端渐尖，两面脉上被毛。总花柄短于叶柄，具腺毛；相邻两花的萼筒分离；花冠先白色后变黄色，长达2厘米，芳香，外面下部疏生微毛，二唇形，花冠筒短于唇瓣2/3~3/4；雄蕊与花柱均短于花冠。浆果，红色。花期5—6月，果期8—10月。

金银忍冬也叫金银木，因为跟一种药用植物金银花名称相似，花朵也有点像，时常被人们搞混。

金银忍冬是灌木，可以长到 5 米，树形跟丁香等类似，枝条柔软斜垂。它的花有黄、白两种颜色，同一个枝条上，两色的花并存，故而得名。不过，金银忍冬的花刚开放时是白色的，后来才会变黄。所以仔细观察，能辨别出哪些是老花，哪些是新花。

金银忍冬的栽培历史并不长，近代才被园艺界选用。但是它比较好种，对水土、光照都不怎么挑剔，所以近年来栽种得较多，北京不少公园如奥林匹克森林公园中就能看到。

金银忍冬的果实也很好看，是橙红色、透亮的小浆果，挂在枝头，在绿叶的映衬下特别显眼，但是它的果子不能食用。

红瑞木 54

学名：*Cornus alba*

落叶灌木。株高约3米。枝红色，无毛，常被白粉；髓宽，白色。单叶，对生，卵形至椭圆形，长4~9厘米，宽2.5~6.5厘米，侧脉5~6对；叶柄长1~2厘米。两性花，呈伞房状聚伞花序，顶生。花小，黄白色。花萼坛状，齿三角形。花瓣舌状。雄蕊4。花盘垫状。子房近于倒卵形，疏被短柔毛。核果，斜卵圆形，花柱宿存；成熟时果为白色或稍带蓝紫色。花期5—6月。

红瑞木这个名字不太为人们所熟知，这种植物被人工栽培的时间也短，但是近几年里，北京不少公园都有栽种。

红瑞木是落叶灌木，自然生长能到 3 米，但是一般公园都修剪得比较低矮。它最大的特色是枝干呈紫红色，颜色非常鲜艳。一般观赏植物都是看花或者看叶，而红瑞木却是观茎的，是园艺树种中的另类。

红瑞木也开花，会在枝条顶端开出一簇伞状白色的小花，并不引人注目。它的观赏价值在叶子落光的秋冬及早春特别突出，红色的枝条蓬勃向上，好像珊瑚树。如果此时草丛尚绿，则红绿相互映衬，显得园林层次丰富。

这种植物是我国原产，在很多省份都有分布，但是人们认识、利用它的时间不太长，近现代才开始作为观赏植物种植。

小叶女贞 55

学名：*Ligustrum quihoui*

半常绿灌木。株高2米左右。枝开展，幼枝有柔毛。叶椭圆形或倒卵形，长1.5~5厘米，顶端钝，基部楔形，光滑；叶柄有短柔毛。圆锥花序狭窄，长15~20厘米；花无柄，花冠管和花冠裂片几等长；雄蕊外露。核果，宽椭圆形，黑色。花期8—9月，果期10月。

小叶女贞是一种小型灌木，它的枝条可以长得很密集，所以园林中一般用它来做绿篱。在北京，很多公园、绿地都会种植。

能做绿篱的植物，要有紧密、耐修剪、整齐、好养护等特点，不能娇气。在北京常见的几种绿篱植物中，小叶女贞的叶片算比较大的，还能开出白色花朵，而其他几种常见绿篱植物的花都不明显。

小叶女贞还可以入药，树叶、树皮有清热解毒的功效。人们利用它的时间不长，20 世纪 50 年代才开始栽培、引种到北京。这种树还有个特点，即它对有毒、有害气体容忍度强，可以种植在繁忙公路旁作为绿化植物。

小叶黄杨 56

学名：*Buxus sinica* var. *parvifolia*

常绿灌木。树皮灰白色，小枝绿褐色，四棱形，具短柔毛。叶对生，阔椭圆形或阔卵形，长7~10毫米，宽5~7毫米，叶面无光或光亮，全缘，革质，侧脉明显凸出，叶柄长1～2毫米，具毛。花簇生叶腋或枝端，无花瓣。雄花萼片4，卵状椭圆形或近圆形，长2.5~3毫米，雄蕊连花药长4~5毫米，不育雌蕊高约2.3毫米。雌花萼片6，长约3毫米；子房比花柱长；花柱粗扁，柱头倒心形，下延达花柱中部。蒴果，长6~8毫米，近球形，无毛，具宿存的花柱。花期4月，果期6—7月。

小叶黄杨是北京最常见的绿篱植物，很多花坛、隔离带都有种植。小叶黄杨是常绿灌木，如果自然生长，能长到两三米高。但由于主要用作绿篱植物，常被修剪得不到一人高。

小叶黄杨的叶子很有特色，叶子的大小和形状有点儿像较大的南瓜子，叶片有一定厚度、比较硬，表面光滑，呈革质。它的枝条生长得非常密集，可以修剪造型。这种树冬季不落叶，四季常绿，不过冬季叶片颜色会暗淡很多，春天的新叶则翠绿鲜嫩。

在野外，小叶黄杨可以生长在峭壁、岩石缝隙间，但是通常长得非常低矮、树枝扭曲。所以有人会挖取野生的小叶黄杨做盆景。

从明代起，人们就开始利用小叶黄杨，认为它的叶子可以治疗暑热生疮。现代一般不作药用。

冬青卫矛 57

学名：*Euonymus japonicus*

常绿灌木或小乔木，小枝绿色，稍呈四棱形。冬芽绿色，纺锤形，秋后长7~12毫米。叶对生，倒卵形或狭椭圆形，长2~7厘米，宽1~4厘米，先端钝或渐尖，基部楔形，缘具钝锯齿；叶柄长5~15毫米。聚伞花序，腋生，总梗长2~5厘米，1~2回二歧分枝，每分枝顶端有5~12朵花的短梗小聚伞花序。花白绿色，4数，直径6~8毫米。种子卵形，长约6毫米，假种皮橘红色。花期6—7月，果期9—10月。

冬青卫矛是一种常见园艺树种，一般用作绿篱。冬青卫矛是灌木或者小乔木，它有三大特点，一个是四季常绿，二是枝叶密集，三是耐修剪，这三个特点加在一起，让它成为绿篱植物的绝佳选择。

冬青卫矛也叫大叶黄杨。其实它与黄杨没什么关系，因为小叶黄杨多用作绿篱，而冬青卫矛与之相似且叶子比较大，所以才被冠以“大叶黄杨”的名字。

除了修剪成篱笆，冬青卫矛也常做园艺造型树，北京有些公园挂树木名牌，在修剪成球状的冬青卫矛上挂“黄杨球”，其实不太准确。

冬青卫矛的花不太明显，果子为比较鲜艳的橘红色。但是为了造型整齐、美观，很多冬青卫矛常被修剪得看不到开花、结果。不过，这并不影响辨认它，在北京种植的四季常绿、叶片较大的绿篱植物，十有八九就是它。

锦带花 58

学名：*Weigela florida*

落叶灌木。株高达3米。当年生枝绿色，被短柔毛；小枝细，紫红色，光滑具微棱。冬芽具6~7对芽鳞，鳞片边缘具睫毛。叶椭圆形至卵状长圆形或倒卵形，长2~5厘米，宽1.5~2.5厘米，先端渐尖或骤尖，稀为钝圆，基部楔形，叶缘具浅锯齿，两面被短柔毛，沿脉尤密。花1~4朵，顶生于短侧枝上，呈伞形花序；花萼长约1.2厘米，外被疏长毛，萼5裂；花冠漏斗状钟形，外面粉红色，里面灰白色，长3.5~4厘米，裂片5，宽卵形。花期6—8月，果期9—10月。

锦带花是北京常见园艺花卉，在家庭院落、小区绿地、公园等处，都很容易见到它。锦带花是一种落叶灌木，能长到两三米，但为了不遮挡视线，经常被修剪得比较低矮。在北京的公园里，经常能看到不到 1 米的低矮锦带花，虽然矮小，但是却开着繁盛的花朵。

锦带花颜色粉红，在我国很多地方以及日本、俄罗斯等地都有分布。锦带花的花朵略呈喇叭形，一般同时开很多朵，聚集在枝条前端。因为花朵美丽，它从宋代时起就作为园艺植物被引种、栽培。

除了粉色花朵的，北京也常见它的一个变种——红王子锦带花。花的颜色为胭脂红，更加鲜艳，而且嫩叶为金黄色，也很美观。这个变种是从美国引入的，花期特别长，所以现在广为栽培，比普通的锦带花更为多见。红王子锦带花花期为 4—10 月，几乎从春季绵延到秋季，有时甚至到 11 月天气已经比较冷时，依然能看到它们红色的花朵。

白棠子树 59

学名：*Callicarpa dichotoma*

落叶多分枝的小灌木。幼枝部分具星状毛。叶倒卵形或披针形，长2~6厘米，宽1~3厘米，顶端急尖或尾状尖，基部楔形，叶缘仅上半部具数个粗锯齿，表面稍粗糙，背面无毛，密生细小黄色腺点；侧脉5~6对。聚伞花序，在叶腋上方着生。果实球形，紫色。花期5—7月，果期7—11月。

白棠子树的果实外观奇特，为一簇紫红色的小圆球。在北京常见的植物中，还没有与之相似的，所以只要在果期，一般不会认错。

白棠子树有时也被叫作紫荆，但它与中文正式名为紫荆的植物并不形同。白棠子树为落叶灌木，一般不会太高，只有 1 米左右。它的花朵有好几种颜色。从白色、粉红色到淡紫色都有。每年秋季，白棠子树开始结果，果实成熟后，紫色的球形果实颜色亮丽显目，而且可以在枝头挂一整个冬天，观赏效果非常好。

白棠子树的叶子、根，甚至全株都可以入药，在一些中草药书籍里有记载。它作为药材和观赏植物栽种，时间不是特别长，在北京的一些公园中可以见到。

木槿 60

学名：*Hibiscus syriacus*

落叶灌木或小乔木。株高2~6米。小枝幼时具柔毛，后变为光滑。叶卵形或菱状卵形，长5~10厘米，具3主脉，往往3裂，裂缘缺刻状，基部楔形或圆形，下面沿脉略有毛；叶柄长1~2厘米。花单生，具短柄，通常有红紫各色，少有白色及重瓣。花钟形，径6~10厘米。副萼6~7，线形。蒴果，长圆形，具毛，钝头。花果期皆为7—9月。

木槿花朵美丽，深受人们喜爱，在北京栽种广泛，社区绿地、公园等地都很多见。

木槿属灌木或小乔木，它一般不太高，枝繁叶茂，树形美观。木槿花一般为粉红色，单个花朵有拳头大小，开花时节，满树绿叶，粉红色的大花朵点缀其间，非常美观。不过木槿的花期比较短，早晨开花，晚上就会凋落。在我国古代，木槿也被称作“舜华”，意思是开花时间很短。

木槿原产我国中部地区，早在周代，人们就认识这种美丽的植物，并经常把它比作美女。《诗经·郑风》里有“有女同车，颜如舜华”的诗句。在那个时候，人们就把木槿当作观赏植物，种植在庭院中。在其他国家，木槿也很受欢迎。它是韩国的国花，以象征坚韧、质朴。

木槿还有一个特色，就是它的花可以吃。一般做法是采集花骨朵与嫩叶，可以裹面糊炸制。

除了粉红花的木槿，它还有很多园艺培育品种，常见的有白花木槿、粉紫木槿等，花瓣有单瓣、重瓣，种类很多。

平枝栒子 61

学名：*Cotoneaster horizontalis*

半常绿匍匐灌木，高度常在0.5米以下。小枝排成两列，幼时被糙伏毛。叶片近圆形或宽椭圆形，稀倒卵形，先端急尖，基部楔形，全缘，上面无毛，下面有稀疏伏贴柔毛；叶柄被柔毛；托叶钻形，早落。花1~2朵顶生或腋生，近无梗，花瓣粉红色，倒卵形，先端圆钝；雄蕊约12；子房顶端有柔毛，离生。果近球形，鲜红色。花期5—6月，果期9—10月。

平枝栒子是低矮的灌木，它们通常长成一蓬，枝条平展地铺在地上，所以往往被人们当成草本植物。它们有着又小又圆的叶片，紧紧贴着枝条生长。这种植物有个有趣的俗名——铺地蜈蚣，是不是特别形象？

平枝栒子的花朵也不大，粉红色的小花密集地生在枝条上，比较精致。它们的果实是非常鲜艳的红色，虽然无毒，但味道不好。平枝栒子原产我国中部，在野外，它们能生长在岩石的缝隙中，在少土、少水的地方也能顽强生存。但它们不耐湿热，水分太多反而长不好。

利用其生长特点，人们把它们作为盆景的造景植物，枝条低矮而遒劲，树叶苍翠又挂着红果，对比鲜明，非常美观。

这种园艺植物引种的历史不长，只有几十年。北京一些公园引种平枝栒子，一般种植在草坪上或者花坛边缘，作为“勾边”，能装点花坛整体造型，又不喧宾夺主。

紫荆 62

学名：*Cercis chinensis*

野生时为落叶乔木，经栽培后通常为落叶灌木状，树皮暗灰色，小枝有皮孔。叶近圆形，长6~15厘米，宽5~14厘米，先端急尖或突尖，基部心形或圆形，全缘，无毛；叶柄长3~5厘米，托叶长圆形，早落。花先于叶开放，5~10朵簇生于老枝上，紫红色，长1.5~1.8厘米。花梗细，长6~15毫米。花期4月，果期8—9月。

紫荆是北京常见的园艺植物，本是乔木，但是园艺栽培的品种多呈灌木状，从根部长出多条枝干，枝干直立向上。

紫荆春天开花，花朵为蓝紫、粉紫色，在木本的春花植物中很有特色。它们属于豆科，花朵似扁豆等豆科植物，花朵贴着树干开放，花朵密集；而且花先于叶开放，比较容易辨认。

需要注意的是，紫荆与香港的标志紫荆花并没有什么关系。紫荆花其实是一种羊蹄甲属植物，跟园艺植物紫荆亲缘关系并不近，只是花朵都为紫红色而已。

紫荆比较多见，在很多公园、小区都能看到。不过有报道说，紫荆的花粉比较容易引起过敏，所以过敏体质的人要远离花期中的紫荆。

皱皮木瓜 63

学名：*Chaenomeles speciosa*

灌木。株高约2米。枝条常具刺。小枝紫褐色或黑褐色，无毛。叶卵形至椭圆形，长3~8厘米，宽2~5厘米，先端急尖或圆钝，基部楔形，边缘具锯齿，较圆钝，尖有腺，两面光滑；叶柄长约1厘米，无腺体；托叶肾形或椭圆形，较大，边缘有尖锐重锯齿。花先叶开放，一般3朵簇生。花梗短。花直径3~5厘米。萼筒钟状，外面无毛。果实球形或卵圆形，有芳香。花期3—5月，果期9—10月。

皱皮木瓜的名字经常让人迷惑——它跟木瓜有什么关系？其实它们没太多联系。皱皮木瓜是我国的本土植物，“木瓜”是它的本名。后来大约在 17 世纪，有种热带水果从国外传入中国，样子有点像这种本土木瓜，于是人们就把它叫为“番木瓜”，也就是我们现代人熟悉的水果木瓜了。

中国人很早就认识这种植物，并把它写进诗歌中。《诗经·卫风·木瓜》中，有“投我以木桃，报之以琼瑶”的诗句。根据后人的考证，这里的“木桃”指的就是皱皮木瓜。皱皮木瓜还有一个常用的别名，叫贴梗海棠。这个名字形容了它的特点——花开如海棠，但是花柄很短，花朵紧贴着枝条开放。

皱皮木瓜为低矮的灌木，枝条有刺。它先开花、后长叶，红色的花朵非常漂亮，花瓣略感厚实。它花开之后，能结出球形的果实，大小介于乒乓球和网球之间。古时候，人们把皱皮木瓜当水果，但是它的味道实在一般，而且渣多，所以后来基本当作观赏花卉，而不当果木了。

皱皮木瓜是北京常见的园艺植物，在各大公园、小区绿地都能见到。

毛樱桃 64

学名：*Prunus tomentosa*

落叶灌木。株高2~3米。嫩枝密被茸毛。芽通常3枚并生，中间为叶芽，两侧为花芽。叶倒卵形至椭圆形，长4~7厘米，宽1.5~2.5厘米，先端急尖或渐尖，基部楔形，边缘具不整齐锯齿；上面有皱纹，被短茸毛；下面密被长茸毛；叶柄长3~5毫米，被短茸毛。花1~3朵，先于叶或与叶同时开放，直径1.5~2厘米；花梗甚短，有短柔毛。花期4月，果期5—6月。

毛樱桃也叫山樱桃，它的果实似樱桃，但要小一些。“有毛”的并不是果，而是它的叶子和嫩枝上有短短的茸毛。

毛樱桃是我国的本土植物，在全国的广大地区都有分布。它适应性很强，被人工繁育栽培后，在各地多有种植。

毛樱桃开白色的小花，花朵非常繁盛。但是作为观赏植物，毛樱桃造景不是靠花，而是在结果之后。毛樱桃的果实为鲜艳的红色，果实剔透如宝石，枝条上挂满红色果实的样子非常漂亮。

毛樱桃的果子可以吃，不过味道不佳，但可以用作菜品、糕点的装饰。毛樱桃的果仁可入药。

紫叶小檗 65

学名：*Berberis thunbergii* Atropurpurea

灌木。株高约1米。幼枝淡红带绿色，无毛；老枝暗红色，具条棱，刺通常不分叉。叶紫色，倒卵形或匙形，长0.5~2厘米，宽0.3~1.5厘米，先端钝，基部下延成短柄，全缘，两面无毛；叶柄长3~8毫米。花单生或2~3朵成近簇生的伞形花序，花梗长5~15毫米。花期4—6月，果期7—9月。

紫叶小檗特别好辨认，因为它的叶子呈紫红色或红褐色，而且它的枝条上有刺。掌握这两个特征，基本不会认错。

紫叶小檗原产日本，作为观赏植物引入我国，现在在各大城市都有栽培。在北京，紫叶小檗也很多见，它通常作为绿篱植物，成排种植、修剪成矮墙状。

平时紫叶小檗的颜色偏红褐，到了秋冬季节，它的叶子颜色可以变得更深，接近紫红色。紫叶小檗的花为黄色，很小，不太引人注意；果实为艳红色，形状略像枸杞。

紫叶小檗是赏叶植物，与众不同的颜色让它从众多绿色植物中脱颖而出，可以为园林、庭院增添不同的色彩，所以现在种植范围很广。

棣棠 66

学名：*Kerria japonica*

落叶灌木。株高1.5~2米。小枝绿色，有棱，无毛。叶卵形或三角状卵形，长2~8厘米，宽1.2~3厘米，先端渐尖，基部截形或近圆形，边缘有重锯齿，上面无毛或有疏生短柔毛，下面微生短柔毛。叶柄长0.5~1.5厘米，无毛。托叶膜质，带状披针形，边缘有毛，早落。花单生于侧枝顶端，直径3~4.5厘米。花梗长0.8~2厘米，无毛。花期4—5月，果期7—8月。

棣棠是落叶灌木，通常只有一两米高，而且它的树枝干不明显，大部分枝条为绿色，树叶密集，看起来比较像草本植物。

棣棠是北京特别常见的园艺植物，在公园、绿地、小区都广有栽种。棣棠花颜色明黄，非常灿烂，而且它的花朵非常繁盛，一株棣棠可以开出上百朵花。《诗经·小雅·棠棣》中写道："棠棣之华，鄂不韡韡，凡今之人，莫如兄弟。"描述它花开灿烂，用来比喻兄弟齐心合力的情谊。

棣棠在我国、日本都有分布，在我国大部分地区都可以种植。而它的园艺栽培历史，可以追溯到南北朝时期，当时人们把这种花当作时令的征兆之一。普通棣棠的花通常为 5 瓣，但是园艺培养出重瓣的品种。现在北京栽培重瓣棣棠更加多见。棣棠的花期很长，能从 5 月一直开到 8—9 月份。

黄刺玫　　67

学名：*Rosa xanthina*

落叶灌木。株高可达3米。茎直立。小枝细长，开展，紫褐色，有散生硬直皮刺。羽状复叶，小叶7~13，宽卵形或近圆形，稀为椭圆形，长8~15毫米，宽5~10毫米，先端圆钝，基部近圆形，边缘有钝锯齿，上面无毛，下面幼时微生柔毛。叶柄长8~15毫米。托叶披针形或线状披针形，全缘，有柔毛，中部以下与叶柄连生。花单生，直径约4厘米。花梗长1.5~2厘米，无毛。花期5—7月，果期7—9月。

黄刺玫是北京常见的园艺花卉，是落叶灌木，一般不会太高，只有 2 米左右。它的特征通过名字就可以体现：花开的颜色为鲜艳的明黄色、枝条上有刺，且与玫瑰的亲缘关系很近，花朵形态也有些相似，不过没有明显香味。

黄刺玫一般枝条柔软、密集，叶为不大的羽状复叶，每片小叶约有成年人指甲盖大小。它的花期比较长，从 5 月能一直延续到 7 月，而且花朵特别密集，花朵只比成人手掌略小一些。茂密的枝叶上开满黄色花朵，热闹喜庆，使人感觉生机勃勃。

黄刺玫因为有刺，所以经常被种植在马路中间隔离带、大院栅栏围墙等处，在北京很多公园、街道公共绿地都有种植。在北京城北的林萃路，路中间隔离带种满黄刺玫，初夏花开特别美丽，有时一阵风吹过，黄色的花瓣如雪片纷纷起舞、飘落，自成一景。

黄刺玫是我国的原产植物，分布在华北、东北等地。相关典籍中记载，从明代就开始将其作为装点庭院的园艺植物。普通黄刺玫的花是单瓣的，人工培育有重瓣的品种。此外，黄刺玫的果实为橙红色，椭圆形，个头很小，可食用。

野蔷薇 68

学名：*Rosa multiflora*

落叶灌木。株高1~2米。枝细长，上升或蔓生，有钩状皮刺。羽状复叶，小叶5~7（9），倒卵状圆形至长圆形，长1.5~3厘米，宽0.8~2厘米，先端急尖或渐尖，基部宽楔形或近圆形，边缘具尖锯齿，两面常有疏柔毛。圆锥花序，顶生，多花，可达数十朵。花梗细，长2~3厘米，有柔毛或腺毛。花芳香，直径2~3厘米。萼片卵形或三角状卵形，先端尾尖，边缘常有1~2对丝状裂片，外面无毛。花瓣白色，5片或重瓣，倒卵形，先端微凹。花期5—6月，果期8—9月。

野蔷薇虽然名字中有“野”字，但其实已经是广为栽种的园艺品种，也是有名的传统花卉植物。它与玫瑰、月季的亲缘关系比较近，不过花朵通常不大，只有乒乓球大小，而且枝条柔软，多为攀缘植物，常贴墙而生。在北京，很多大院的栅栏墙边，都种植野蔷薇作为绿篱。

野蔷薇花朵特别多，经常一根枝条顶部有数十个花苞。粉红色或白色的花朵次第开放，花期可以延长数月。花朵有些为单瓣，有些为重瓣，一般园艺栽培喜欢重瓣的花朵，这样看起来花朵更加饱满、漂亮。

野蔷薇是我国的本土物种，日本、韩国等地也有种植。早在汉代，人们就开始种植野蔷薇，除了观赏，也可以入药。历代也有不少诗歌描述、记录这种植物，白居易曾写下“少府无妻春寂寞，花开将尔当夫人”的诗句。

月季 69

学名：*Rosa chinensis*

常绿或半落叶灌木。株高1~2米。小枝具钩状而基部膨大的皮刺，无毛。羽状复叶，小叶3~5（7），宽卵形或卵状长圆形，长2~6厘米，宽1~3厘米，先端渐尖，基部宽楔形，边缘具粗锯齿；上面暗绿色，有光泽；下面色较浅；两面无毛。叶柄与叶轴疏生皮刺及腺毛。托叶大部与叶柄连生，边缘有羽状裂片和腺毛。花单生，或数朵聚生成伞房状。花直径4~6厘米，有微香或无香。花梗长2~4厘米，常有腺毛。花期5—6月，果期9月。

月季是传统的“十大园艺名花”之一，有“花中皇后”之称。它的名字来源于它的花期，特别是在气候温和的地方，几乎每月、每季都能盛放，故名月季。月季是我国原产的物种，因为花朵美、花期长且好养护，是特别受欢迎的园艺植物。据统计，在世界范围内，月季的园艺品种超过2万个，其花色、花型、植株变化无穷。

月季在北方是落叶灌木，有刺且刺根部膨大、尖端略弯呈钩状。花朵较大，甚至可以超过成年人的拳头。花瓣多为重瓣，花形丰满美观。月季的颜色特别多，除了比较原始的粉红色，还有红色、白色、黄色以及多色渐变、混杂等。唐宋时期，人们就培育出数十个月季品种，宋代就有专门记录月季品种的文章。

月季在清乾隆时期传入欧美，也特别受欢迎。在欧美，蔷薇、月季与玫瑰都可以称为“ROSE”。月季与玫瑰都为蔷薇属植物，亲缘关系比较近，所以在西方，月季和玫瑰确实并不区分，只是具体品种有所不同。18世纪，法国的约瑟芬皇后特别喜欢玫瑰，专门建立了玫瑰园，她收集了200多个品种，在欧洲形成“玫瑰风尚”。她的园中，种植了不少品种的月季，其中还有一些是直接从中国引种的。

玫瑰　70

学名：*Rosa rugosa*

落叶直立灌木。株高可达2米。枝干粗壮，丛生，密生短茸毛，有皮刺或针刺，刺微曲或直立。羽状复叶，小叶5~9，椭圆形或椭圆状倒卵形，长2~5厘米，宽1~2厘米，先端急尖，稀为圆钝；基部圆形或宽楔形，边缘有钝锯齿；上面有光泽，多皱；下面灰绿色，有茸毛及腺毛，网脉明显。叶柄长2~4厘米，与叶轴具茸毛，并疏生小皮刺和腺毛。托叶披针形，长1.5~2.5厘米，大部分与叶柄连生，边缘有细锯齿。花单生，或3~6朵聚生，芳香，直径6~8厘米。花梗长1~2.5厘米，密生短茸毛和腺毛。花期5—7月。

在植物学中，中文正式名为“玫瑰”的植物，并不是大家一般观念中的玫瑰。真正的玫瑰，花朵不大，多为粉红色，也有白色等培育品种，并且有单瓣、重瓣不同品系。

玫瑰本身为直立的灌木，能长到 2 米左右，枝干上有刺，并有短短的茸毛。玫瑰花开放时，花瓣比较平展，露出花蕊。而花店中代表爱情的“玫瑰花”，多为重瓣月季，花心被包裹在重重花瓣之中，就算是盛放，花朵也不会完全平展开。总体来说，真正的玫瑰没有月季花那么美。但是，玫瑰花香气特别浓郁，既可以吃，也可以提取精油、花露，是制作香料的重要原料。

玫瑰为我国本土植物，日本等东亚地区也有。从汉代起，玫瑰花就是庭院植物；宋代用玫瑰来制作香料，装入香囊，可以随身携带；而从明代开始，人们就把玫瑰花作为食物和药材，认为“食之芳香甘美，令人神爽”。

18 世纪后期，玫瑰传入欧美，后来成为很受欢迎的庭园植物。在北京，种植玫瑰的也不少，公园、小区的花坛中常见，因为有刺，也经常作为绿篱，种植在栏杆、栅栏墙边。

华北珍珠梅 71

学名：*Sorbaria kirilowii*

灌木。株高2~3米。枝无毛。冬芽卵形，无毛或近无毛。奇数羽状复叶，小叶13~17。小叶无柄，披针形，长4~7厘米，先端渐尖，基部圆形或宽楔形，边缘具尖锐重锯齿，两面无毛；托叶线状披针形，全缘，边缘稍有毛。大型圆锥花序，直径7~11厘米。花梗长3~4毫米，无毛。苞片线状披针形，边缘有腺毛。花直径6~7毫米。花瓣近圆形或宽卵形，长与宽近相等，2~3毫米。花期5—7月，果期8—9月。

华北珍珠梅辨识度非常高，小小的花骨朵颜色洁白，形状浑圆，如小粒珍珠。而花开之后，花五瓣，花蕊探出花朵，虽然每朵花只有绿豆大小，但是颜色和花型都像梅花，所以得名“珍珠梅”。

华北珍珠梅属灌木，一般只有两三米高，它的叶片是奇数的羽状复叶。如果不在花期，华北珍珠梅并没什么特别；在花期时，数百朵轻巧的小花密集地排布在一起，加上珍珠状的花骨朵，显得特别精致美观。

华北珍珠梅的树皮和果可以入药，但是略有毒性，有消肿止痛的功效。它是近代才作为园艺植物引入的，在北京的一些公园、小区都有种植。

迎春花 72

学名：*Jasminum nudiflorum*

落叶灌木。株高可达4~6米。枝细长，直立或弯曲，小枝有棱角，光滑无毛。小叶3，卵形至长椭圆状卵形，长1~3厘米，先端狭渐尖，基部宽楔形，边缘有细毛，叶柄长5~10毫米。花单生，外有很长的绿色小苞，先叶开放；萼裂片6，线形，绿色，与萼管等长或稍长；花冠黄色，裂片倒卵形，通常6裂。花期2—4月。一般不结果。

迎春是北京早春最早开花的植物之一，春寒还未完全退去的时候，黄色的花朵已经开始悄悄绽放，不愧“迎春”这个名字。

迎春是灌木，自然状态下，能长到四五米高。相对于很多树木的硬质树干，迎春枝条柔软弯曲，而且可以长得很密集，在园林绿化时，可以充当隔离物。有时也会把它种在高一些的花坛里，让枝条自然垂下，绿枝黄花，成为一截花墙。

迎春是我国原产物种，在很多省份都有分布。作为受欢迎的园艺植物，迎春也被世界各地广为栽种。从唐宋时期，人们就在庭院中种植迎春。北宋著名政治家、词人韩琦在他的《迎春》中写道：“覆阑纤弱绿条长，带雪冲寒折嫩黄。迎得春来非自足，百花千卉共芬芳。”诗句非常写实地描绘出了迎春的特征。

北京种植迎春的地方特别多，它开花早，而且花期长，所以不难辨认。但是有另外一种早春植物与它有些相似，那就是连翘，需要与之区分。迎春和连翘都是细条的灌木，花也都是黄色的，甚至花型都有些相似。但仔细分辨，迎春的枝条是绿色的，而连翘的枝条是灰褐色。此外，两者的树形也不一样。通常迎春的枝条更密也更矮，看起来有点像草本植物，一大丛“趴”在地上；而连翘则明显为木质，枝条从地面直立起来。

牡丹 73

学名：*Paeonia × suffruticosa*

灌木。株高约2米，分枝短而粗，叶2回3出复叶，长20~25厘米；顶生小叶宽卵形，长7~8厘米，宽5.5~7厘米，3裂至中部，上面绿色，无毛；侧生小叶狭卵形或长圆状卵形，长4.5~6厘米，具不等的2~3浅裂或不裂，近无柄；叶柄长5~11厘米，无毛。花单生枝顶，直径10~17厘米。萼片5，绿色，宽卵形，大小不等。花瓣5，常为重瓣，玫瑰色、红紫色、粉红色至白色，顶端呈不规则波状。花期5—6月。

牡丹是最有名的中国传统花卉之一。牡丹的名字来源很有趣。人们发现，牡丹的果实很难发芽、生长，而比较容易从根上长出新枝，认为它有种子而不育，是雄性的，所以取了一个“牡”字（意为雄性），而“丹”则来源于它开花颜色多为红色。

牡丹是灌木，为了观赏，一般都修剪得非常矮，通常不超过 1 米。很多人误以为牡丹是草本，但只要注意它根部的树皮，就会发现它其实是木本植物。牡丹花朵大而饱满，花开特别美观，在传统文化中寓意富贵、吉祥，深受人们喜爱，有“花王”之称。

牡丹被人们培育出很多品种，颜色多变，除了传统的红色，还有白色、紫色、粉色等，有些培育品种花瓣特别多，几乎看不到花蕊。咏颂牡丹的诗句也很多，唐代诗人刘禹锡《赏牡丹》中的“唯有牡丹真国色，开花时节动京城”更是被千古传诵。而大诗人李白，则把杨贵妃与牡丹类比并论，所以后人把杨贵妃奉为牡丹的化身。

牡丹在我国广泛栽种，其中以洛阳牡丹最为知名。洛阳牡丹的栽培品种以花朵大、花形美、花色艳丽著称。而“武则天贬牡丹”的故事，更为其增加了传奇色彩。

牡丹在北京种植很广，各大公园都能见到。芍药与牡丹的花形、植株都相似，但两者并不难区分：芍药为草本，牡丹为木本，看看植物根部附近的主干，就能区分开来。

紫穗槐 74

学名：*Amorpha fruticosa*

落叶灌木。株高1~4米。嫩枝有柔毛，老枝无毛。叶为奇数羽状复叶。小叶常为9~25，椭圆形或卵状椭圆形、披针状椭圆形，长1.5~4厘米，宽1~2厘米，先端圆形或稍凹，有小尖头，基部圆形或宽楔形，全缘，有透明腺点。密集的穗形总状花序组成顶生圆锥花序。荚果，圆柱形，长6~9毫米，直径约3毫米，栗褐色，先端有小尖，弯曲，表面有瘤状腺体，有种子1粒。花期5—6月，果期7—9月。

紫穗槐为小型灌木，花为蓝紫色。紫穗槐容易生长，对水土要求不高，在北京城区、郊区撂荒地非常多见自然生长的植株。在公园、庭院中，也有人工栽培引种的。

紫穗槐与国槐、洋槐的亲缘关系比较近，叶片也为羽状复叶。如果你认识国槐，会觉得两者很相似。但其实它们树形差别大，紫穗槐一般不会长得特别高大，而是一人多高、一大蓬枝叶，茂盛地生长在一起。国槐和洋槐的花序都有点像葡萄，下垂一大串，而紫穗槐的花序虽然也成串，但一般向上生长，而且颜色为明显的蓝紫色。

紫穗槐原产于美国，21 世纪才经日本引入我国。现在多为园艺栽培植物，作为庭院的点缀，在我国广大地区都可以栽种。

蝟实 75

学名：*Kolkwitzia amabilis*

落叶灌木，株高可达3米。幼枝被柔毛，老枝的皮呈条状剥落。叶为椭圆形或卵状长圆形，长3~8厘米，近全缘或具疏浅齿，上面疏生短柔毛，下面脉上被柔毛。花序为枝端的伞房状的圆锥状聚伞花序，每一聚伞花序具2花，2花的萼筒下部合生。花期6月，果期7—10月。

蝟实的名字来源于它的果实，这种灌木的果子长满小刺，状若缩小版的刺猬，所以得名蝟实。

蝟实是我国特有植物，原产中部地区各省份，后来作为园艺植物，被引种到欧洲等地，并广泛种植。北京于 20 世纪 50 年代开始引种，现在也是常见的园艺植物，在公园小区的花坛、绿地中都可以见到。

蝟实是直立的灌木，它有个明显的特征，就是比较老的树干的树皮会剥落，所以看起来比较光滑。它的花不大，为粉红色小花朵，不是特别显眼。果实则因为长满刺而特别容易辨认。

值得一提的是，蝟实有一定科学研究价值，有助于研究植物区系、古地理以及植物遗传发育。

爬山虎 76

学名：*Parthenocissus tricuspidata*

木质藤本。茎长10余米。卷须短，多分枝。枝端具吸盘，借以吸附于岩壁或墙垣上。叶具长柄，宽卵形，长10~18厘米，宽8~16厘米，3浅裂，基部心形，缘具粗锯齿，上面无毛，下面脉上有柔毛。幼苗及下部枝上的叶较小，常呈3全裂或复叶。叶柄长8~20厘米，秋季叶片先落，叶柄后落。聚伞花序，生于距状短枝的2叶间，较叶柄短；花5数。浆果小，球形，径6~8毫米，蓝黑色。花期6—7月，果期7—8月。

爬山虎也叫爬墙虎，一种植物以兽中之王命名，非常有趣。爬山虎是藤本植物，人们就将其贴墙种植，让它爬满整面墙壁。

大多数攀缘植物，会用枝条或者须蔓围绕住支撑物向上生长，而爬山虎本领高强，它不用缠绕，而是自己长出“吸盘”。它的枝条上生长出卷须，顶端有吸盘，可以吸附墙面，让枝条紧贴墙壁，向上生长。

爬山虎在全国很多地方都有分布，作为庭院植物，也被广为栽种。在北京，一些大院、老楼的墙上，经常能看到爬山虎覆盖了整面墙壁，可以从地面一直长到四五层楼高，不少立交桥的桥基上也种植有爬山虎。爬山虎繁殖、生长能力都很强，有时人们为了防火等原因砍掉爬山虎，往往没过多久，它又会生长起来。如果不定期清理，甚至会遮挡住玻璃窗。

不过，并不是所有盖住墙面的植物都是爬山虎，还有一类叫五叶地锦的植物，也会沿墙攀缘生长。不过五叶地锦的叶子为掌状复叶，而爬山虎的叶子多是单叶三裂。

五叶地锦 77

学名：*Parthenocissus quinquefolia*

木质藤本。茎长5~10米。树皮红褐色。卷须具5~8分枝，先端扩大成吸盘。叶具长柄；掌状复叶具5小叶。小叶较厚，具短柄，长圆状卵形至倒卵形，长5~12厘米，先端急尖，基部通常楔形，边缘具粗大牙齿，上面暗绿色，下面淡绿色，平滑无毛；叶柄长5~10厘米。浆果，球形，直径约6毫米，成熟时蓝黑色，稍带白霜，具1~3种子。花期6—7月，果期9月。

五叶地锦是木质藤本植物，它经常被种植在假山或者围墙边，能沿山坡或墙向上生长，经常能铺成满满一大片。

五叶地锦的名字直白地表明了它的特征。它的叶子是分成 5 片的掌状复叶，就像一只手伸出 5 根手指，但是片叶的基部并不相连。因为它颜色多变，尤其是到了秋季，它的叶子能变成红色、黄色、橙色等多种多样的色彩，特别漂亮，如同锦缎，所以叫“地锦”。

五叶地锦原产美国，作为观赏植物引入中国，现在在北京比较常见，很多公园、小区都有。它是秋季赏叶的最佳植物之一，经常把一面墙装点得缤纷灿烂。它与爬山虎有些相似，但是叶形不同。另外，五叶地锦的爬墙能力没有爬山虎强。

金银花 78

学名：*Lonicera japonica*

落叶攀缘灌木。幼枝密生柔毛和腺毛。叶宽披针形至卵状椭圆形，长3~8厘米，幼时两面被毛。花成对生于叶腋；苞片叶状，边缘具纤毛；萼筒无毛，5裂。花冠二唇形，长3~4厘米，先白色略带紫色后变黄色，具芳香，外面被柔毛和腺毛。浆果，球形，黑色。花期6—8月，果期8—10月。

金银花的花有黄、白两色，所以得名“金银”。它在植物学里的正式名叫“忍冬”，但“金银花”这个名字更形象，也更常用。

金银花是攀缘的灌木，它的枝条比较柔软，自己很难独立向上生长，所以同样要依附围墙、栅栏等缠绕生长。它的花朵刚开时颜色洁白，有香味，而到了第二天、第三天，就会变成黄色。

金银花的花朵也是一种药材，通常把未开放的花骨朵采集起来，晒干后代茶饮，有去火的功效，但不宜长期、大量饮用。

金银花原产东北、华北等地，俄罗斯、日本也有。它在近代才作为园艺植物引种，对水土、光照不挑剔，且耐寒，所以在全国各地都有栽种。在北京，很多公园、小区都会种植金银花。

需注意它与金银忍冬的区别。金银忍冬也叫“金银木”，它的枝条粗壮、有力，虽然也是灌木，但是能独立长高；而金银花则是多攀附在墙头、栅栏上生长。

厚萼凌霄 79

学名：*Campsis radicans*

落叶木质藤本，具气生根，可长达10米。奇数羽状复叶，对生，小叶9~11枚，椭圆形至卵状椭圆形，长3.5~6.5厘米，宽2~4厘米，顶端渐尖，基部楔形，边缘具齿，上面深绿色，下面淡绿色，被毛，至少沿中肋被短柔毛；花萼钟状，长约2厘米，口部直径约1厘米，5浅裂至萼筒的1/3处，裂片齿卵状三角形，外向微卷，无凸起的纵肋；花冠筒细长，漏斗状，橙红色至鲜红色，筒部为花萼长的3倍，约6~9厘米，直径约4厘米；蒴果长圆柱形，长8~12厘米，顶端具喙尖，沿缝线具龙骨状突起，粗约2毫米，具柄，硬壳质。

厚萼凌霄是一种藤本植物，橙红色的大花非常艳丽，在花期时很容易辨认。它原产美洲，国内作为园艺品种引进，北京有不少地方种植。

人们经常把厚萼凌霄当成另外一种我国原产植物——凌霄。凌霄与厚萼凌霄同属，是亲缘关系比较近的种类，粗略来看，它们的花朵、叶子和植株都比较相似。两者的差别在于，厚萼凌霄的复叶上的小叶数量更多，有 9~11 枚，而凌霄的则只有 7~9 枚。另外，厚萼凌霄的叶背面有一层柔毛，特别是叶脉处更为明显。厚萼凌霄的名字也点明了自身的特征——厚萼——它的花萼更厚实一些，牢牢地保护着花瓣。

人们对凌霄的熟悉，来源于入选语文课文的一首现代诗，舒婷的《至橡树》。诗中写道："如果我爱你，绝不像攀缘的凌霄花，借你的高枝炫耀自己。"这让凌霄背上"攀附"的恶名。其实攀缘的藤本植物挺多，没必要把人类的道德套到植物身上，更何况，这是一种非常美丽的庭院花卉。

紫藤　80

学名：*Wisteria sinensis*

木质藤本。枝灰褐色至暗灰色，多分枝。奇数羽状复叶，互生，长20~30厘米。小叶7~13，卵状长圆形或卵状披针形，长5~11厘米，宽1.5~5厘米，先端渐尖，基部圆或宽楔形，全缘，幼时有柔毛，后渐脱落而仅沿中脉有毛；叶轴及小叶柄有柔毛。总状花序，侧生，下垂，长15~30厘米。萼钟状，有柔毛。花冠蓝紫色或深紫色，长约2厘米。花期4—5月，果期8—9月。

紫藤是我国的本土植物，多年生的木质藤本植物，花开时如葡萄，大串大串的浅紫色花朵，非常漂亮。很多人想当然地以为，紫藤的名字来源于紫花，但是在典籍中记载，是因为其枝条燃烧时冒出紫色的烟，所以才如此取名，并认为紫藤的烟可以降神。

紫藤主要分布在我国华北、华东以及中南部地区，后来经过人工选育作为园艺植物，在东北、西北等地也有栽培。北京很多公园、小区都栽种紫藤，它们通常被种在露天的长廊附近，藤蔓可以沿着柱子生长，长成廊道绿色的顶棚，既增添景致，又可以遮阴、避暑。

紫藤的果实有点像扁豆，有毒，不能食用。但是紫藤的皮和花都能入药，不过也是微毒，需要经过专业的炮制才可使用。

紫藤的种植历史悠久，唐代大诗人李白就有“密叶隐歌鸟，香风留美人”的诗句。坐落于北京虎坊桥的晋阳饭庄，曾是清代名臣纪晓岚的故居。这里有一棵他手植的紫藤，已有近 300 年的历史。

诀

春花识别小窍门

北方春天的时候，桃花开得比较早。但是桃花种类又特别多。我带小朋友认植物时，经常让他们做个小游戏：用一个手掌五个手指来表示花瓣，早春开放的像桃花的植物，你怎么确定它是不是桃花，是什么桃花呢？

第一，桃花没有“大长胳膊”，也就是说它的花柄很短，花朵直接贴在树干上长。第二，如果你看到桃花只有五个花瓣，就是一个手掌，那就是原种的桃花，它的叶子是绿的，花是粉红色的。如果多于五个花瓣，比如说你把两手重叠在一起了，那就是十个花瓣，这样的桃花就是碧桃。总结起来就是：单瓣为桃，重瓣为碧桃。如果重瓣的碧桃还是红色的叶子，那它就是红叶碧桃，同理，如果是重瓣白花那就是白碧桃了。你还有可能在公园里看到这样一棵树，枝条有许多种颜色的花，有红有粉，那就是撒金碧桃了。

有人可能会问，如果我看到的是有“大长胳膊”的花呢？

春天的时候很多人都想去赏樱花，北京玉渊潭公园每年都会举办樱花节，但是如果你到公园里面看了半天，拍了半天，回去一问，人家说你看的都不是樱花，那不是白跑一趟嘛！

其实樱花有这么几个显著的特征。第一，它有“大长胳膊”，也就是说它的花柄是很长的，这花是吊在枝条上的。第二，就是它的花瓣在最外缘的先端是有一个小凹陷的，我们叫缺刻，就好像被剪了两刀一样。第三，是观察叶子。实际上早春很多植物都是先叶开花，就是先开花后长叶，如果没有叶的确很难识别，但如果有了叶，就简单多了。樱花的叶子有什么特点？它的边缘有锯齿，锯齿上还有短毛，毛上还有腺点，就是一个小疙瘩。如果你看到一种花，确定不了它是不是樱花，一看叶子就知道了。比如桃花的叶子就是全缘的，也就是叶子的边缘非常光滑。

春天除了那些好看的春花之外，还有一些花颜值不高，甚至几乎都看不出来是花。比如说杨树的花，挂在树上还好，如果掉在地上了，活像一条条毛毛虫。

绝大多数哺乳动物都是雌雄异体，但植物很多都是雌雄同花，也就是一朵花里既有雄蕊也有雌蕊，一朵花自己就能完成产生后代的任务。但杨树、柳树这类杨柳科的植物却不一样，它分别有雄树和雌树，那么又该怎么区分呢？应该说只有在春天它们开花了，才能认出来。

我有句口诀：雄树脚扑朔，雌树眼迷离。为什么说“雄树脚扑朔”呢？这是因为雄花序在枝条上待不住，开花后不久就掉地上了，掉地上一踩就粘脚上了，那就得抖搂抖搂啊，这不就“脚扑朔”了嘛！“雌树眼迷离”是因为雌花的花序会挂在枝条上很长一段时间，成熟以后果实会爆裂开，种子会飘出来。它的种子带长毛，也就是我们说的杨絮，杨絮容易眯眼啊，这不是“眼迷离”嘛！

杨树、柳树的花都不好看，但是还有更“丑”的。比如榆树花，它在怒放的时候也不像其他花朵那样漂亮。杨树、柳树、榆树都不用依靠昆虫来传粉，而是靠风一吹就传粉了，叫风媒花。风可不会看谁漂亮就多吹谁两下，所以风媒花一般就没有漂亮的花瓣，它只要有最重要的结构——雄蕊和雌蕊就足够了。有人小时候可能拿杨树的花序去吓唬过小姑娘，现在看来，这是在送花呢，而且一次送好几个花序，那就是成百上千朵花啊！

还有圆柏，它不开花，但有类似于花的结构，而且能产生花粉。它的每一个小枝的顶端都有一个黄色的小包，这就是它产生花粉的结构，叫小孢子叶球。成熟的时候稍微拍打枝条，黄色烟雾状的花粉就飘出来了。

在北京常见的玉兰可以分几类，纯白的叫白玉兰，纯紫的叫紫玉兰（也叫辛夷），这两个品种杂交就出现了二乔玉兰，还有一种是花瓣基底泛黄的叫飞黄玉兰。

另一种常见春花是棣棠，还有它的变种重瓣棣棠。它们的区别就在于重瓣。重瓣是怎么来的呢？自然界原生的花都是一轮花被片，或叫一轮花瓣，比如说棣棠就只有五个花瓣。但重瓣棣棠又是怎样出现的呢？在园艺培育的时候，选择那些雄蕊变异成花瓣的个体，把它保留下来育种，慢慢的花瓣就越来越多了，而雄蕊却越来越少。这种结构十分影响产生后代，所以重瓣花在我看来都是畸形或者说是无后的种类。

有两种早春最常见的花很容易被认混，就是迎春和连翘。迎春和连翘的不同之处有五点：第一，迎春开得比连翘早；第二，迎春多为六个花瓣，而连翘多为四个花瓣，但也有变异为五六个花瓣的；第三，迎春的枝条是绿的，而连翘的枝条是褐色的；第四，如果你摸一摸，迎春的枝条是四棱形的或者多棱形的，而连翘的枝条是圆形的；第五，迎春的枝条比较软，低垂下来，好像弯腰低头迎人进门，而连翘的枝条都翘着，它的枝条比较硬。

有些人说，植物种类太多了，总是记不住它们的名字。其实认识植物跟认识同学、朋友一样，熟悉才能记住。比如你转入一个新班级，同学、老师都是陌生的，你只有在日复一日的接触中，才能逐渐认识每个人。认识植物也一样，最好先从身边的认起，看看学校里、居住区的庭院、每天必经的道路边，都有什么植物。天天见，留心观察，就容易记住。

春天是认识植物最好的季节，因为这个时候花多、特征明显，而且赏花还能愉悦身心。比如春天的玉兰满树大白花，特别好认，走过树下，记住它的位置；等花落了，再路过时你就可以观察一下它的叶子；到秋天，再留意玉兰的果实。不时地关注它一下，你就逐渐记住它一年四季的样貌，以后不管什么季节，就都能认出玉兰了。

北京的木本植物种类很多，园艺栽培的也有几百种，本书中只收录了其中 80 种，只是很小的一部分。我们期望降低“门槛”，借助一些简单的方法，依靠容易识别的特征，让大家认识身边最常见的植物。如果你能借此“入门”，认识一些身边的植物“朋友”，那本书的目的就达到了。

图书在版编目（CIP）数据

认识北京常见植物．木本篇／刘莹，韩烁著．-- 北京：北京出版社，2023.10
ISBN 978-7-200-13547-3

Ⅰ．①认… Ⅱ．①刘… ②韩… Ⅲ．①园林树木－介绍－北京 Ⅳ．①S68

中国版本图书馆 CIP 数据核字(2017)第 267043 号

总 策 划：高立志　　策划编辑：司徒剑萍
责任编辑：李更鑫　　责任营销：猫　娘
责任印制：陈冬梅　　图片摄影：张海华　韩　烁 刘　莹
装帧设计：林海波

认识北京常见植物（木本篇）
RENSHI BEIJING CHANGJIAN ZHIWU
刘莹　韩烁　著

出　　版　北京出版集团
　　　　　北京出版社
总 发 行　北京伦洋图书出版有限公司
印　　刷　北京华联印刷有限公司
开　　本　32 开
印　　张　6
字　　数　146 千字
版　　次　2023 年 10 月第 1 版
印　　次　2023 年 10 月第 1 次印刷
书　　号　978-7-200-13547-3
定　　价　68.00 元